〈参入シリーズ応用編〉

# 医療機器への参入のためのスタディブック

編集
NPO法人医工連携推進機構

薬事日報社

# はじめに

医療機器への社会的関心が非常に高まってきている。

政府の医療イノベーション政策の下、各種の医療機器関連の政策が刷新されつつあり、規制面での見直しも急速に実行されてきている。この中で我々が最も注目しているのは、医療機器産業の振興政策の重点が医療機器産業への参入促進面に移ってきていることである。

我々は、従来より、我が国医療機器産業の競争力が低い原因として、以下を強調してきた。すなわち、「医療機器産業（市場）は参入障壁の高い管理市場であるために内部に競争原理が働いていない、この結果、既参入企業の活力、競争力が喪失され、新規参入の海外企業との競争に破れている」のではないかということである。また、この様な情況の打破には、「「新規参入の増加による市場の活性化」が必要ではないか」という点を強く訴えてきているところである。

この様な問題意識を持っていた我々にとって、最近の政府の戦略がその方向に大きく舵取りをしてきていることを非常にうれしく感じている。

我々は、10年近く前から、以上に述べた問題意識の下、医療機器参入に際して不可欠な「医工連携コーディネータ」の役割を社会的に認知させ、その利用促進を目的とした「医工連携コーディネータ協議会」を設立し（２００５年）、その後も、医療機器への参入支援のための各種活動を行なってきている。

そして、２０１０年には我々が問題意識として感じていた「医療機器参入のための体系的な情報がない」という課題を解決すべく「医療機器への参入のためのガイドブック」を全力で編集した。その結果、予想通りこの「ガイドブック」は3千部を超える売れ行きとなり、医療機器参入に際しての基礎情報への需要の大きさを実感したところである。

その後、「ガイドブック」を利用した講習会、セミナー等が全国の多くの自治体、関係団体から要請され、多くの方々のお役にたったと自負しているところである。

一方、この様な講習会等の場所で広く聞かれたのが、「実際の参入の実例とそこから得られた教訓等」が必要であるとの強い要望であり、コーディネータが実際中小企業等の参入支援を行なったり、参入企業との意見交換を行なったりした際の現場での経験情報が広く求められているということである。

このため、技術力ある中小企業を中心とした医療機器参入のケーススタディを行ない、他の参入希望企業の参考にしていただこうという企画を立てた次第である。

巷間同様な参入事例の紹介は、雑誌、政府関係の報告書等でも見られるようになってきているが、我々としては、真のニーズは、単なる参入事例集ではなくあくまでも「ケーススタディ」であるとの視点で編集を行なった。

これを受け、名前も「スタディブック」とし、医療機器分野への参入希望の企業担当者、経営者で基礎情報をすでにお持ちの方にも、更に具体的な情報を提供できるものとした。「ガイドブック」に引き続き、自信をもってお勧めできる書籍であると思っている。

本書が皆様の活動の一助となり医療機器産業の更なる発展／活性化につながることを祈念するところである。

平成25年夏

特定非営利活動法人　医工連携推進機構

理事長　立　石　哲　也

# 目次


## 第1部　事例解説

1　医療機器分野に参入する際の留意点……9
1・1　医療機器への参入の前に　9
1・2　医療機器への参入戦略（業態戦略）　12
1・3　販売ルートの確保　17
1・4　社内体制の整備等　18

2　成功事例に見る参入の課題とその解決策……20
2・1　専門用語について　20
2・2　薬事制度について　21
2・3　技術について　31
2・4　資金について　31
2・5　市場性について　32
2・6　医工連携について　33
2・7　販売について　34
2・8　PL（製造物責任）対策　35
2・9　保険償還について　36
2・10　海外展開について　36
2・11　知財について　37
2・12　事業性について　39

## 第2部　事例研究

1　スズキプレシオン……43
2　ナカシマメディカル……51
3　金子製作所……59
4　二九精密機械工業……64
5　京都医療設計……75

6　ＴＳＳ……82
7　湯原製作所……89
8　サンメディカル技術研究所……96
9　山科精器……105
10　ＪＭＣ……113
11　東海部品工業……119
12　パイオラックス……127
13　エイシン電機……135
14　ジェイマックシステム……140
15　アイデンス……148
特定非営利活動法人医工連携推進機構の概要
スタディブック編集委員会委員リスト

# 第１部　事例解説

# 1 医療機器分野に参入する際の留意点

## 1・1 医療機器への参入の前に

### (1) 医療機器で何を想像しますか

この本は医療機器市場への参入事例を扱ったものです。読者の方は、会社の新たな市場として成長が期待される医療機器関連市場ということを頭に浮かべておられると思います。

「医療機器」というのは法律で作られたカテゴリーであり、「医療目的」に使われる機器という意味を持っています。それでは「医療目的」とは何か。これも法律で定義されており、「疾病の診断、治療若しくは予防」などとされています。

一般の人は、成長分野としての医療機器関連市場というと、病院などで使われる機器の市場というイメージが強いと思います。もう少し、広めにとれば、人の健康に役立つ機器の市場ということにもなるでしょう。このような機器の市場は、人々の所得が上昇するにつれて拡大していくと考えられます。所得が上昇するにつれて人々の健康に対するニーズが高まっていくと考えられるからです。

法律が定義する医療機器と、そうでない医療や健康に関連するような機器との間にはグレーな部分が出てくるのは避けられません。医療機器になったり、ならなかったりする製品もあります。医療機器か否かという議論は常に行なわれています。そのため、最終的には規制官庁である厚生労働省あるいは独立行政法人医薬品医療機器総合機構（ＰＭＤＡ）の決定を仰がなければならなくなるケースもあります。

### (2) 医療目的と薬事法　アイスクリームの棒は医療機器？

米国のMBA（経営学修士）コースでケーススタディとして出されるものがあります。写真1はアイスクリームの棒です。このアイスクリームの棒を作って販売している会社は、薬事法に従わないといけない場合があるか、という質問が投げられます。ほとんどの人は関係ないと答えるのですが、関係があるのです。写真2はアイスクリームの棒とそっくりですが、「舌圧子」（ぜつあつし）というれっきとした医療機器製品です。

アイスクリームの棒と舌圧子――どこが違うのかというと、たぶん、「消毒などがきちんとされ、一つ一つ包装されているところだ」と指摘されるでしょう。確かにそういう違いもあります。でも、本質は違います。

アイスクリームの棒を生産している企業の営業責任

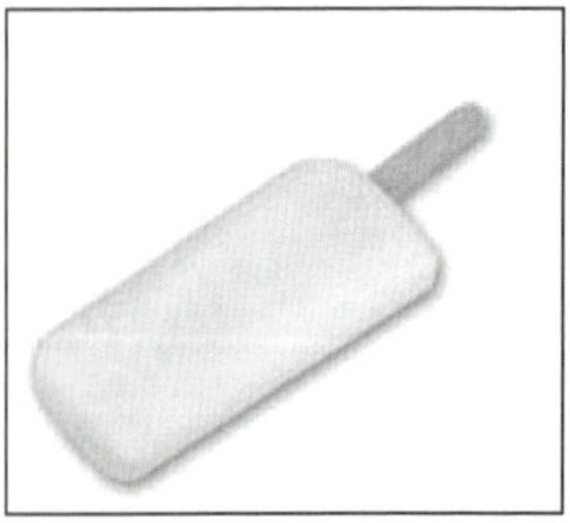

写真1　アイスクリームの棒

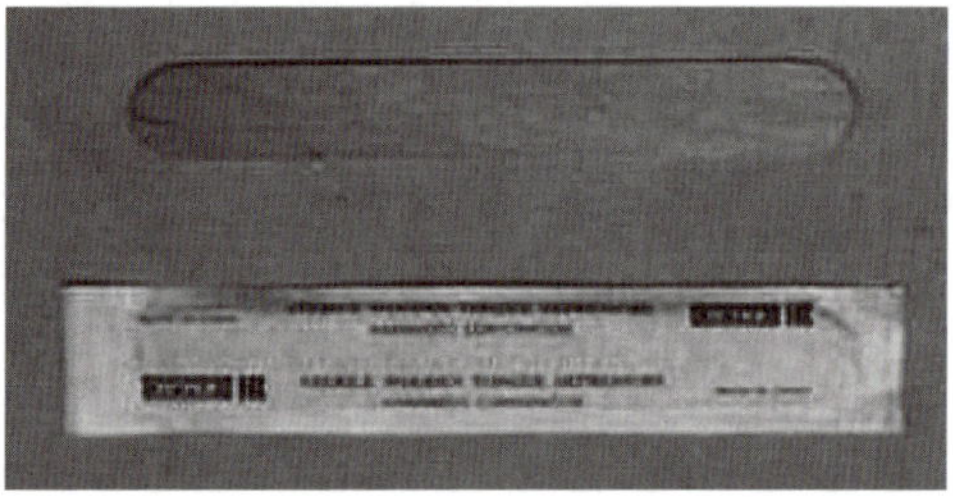

写真2　舌圧子

者や代表者が、公に「この棒は医療行為に用いることができます」といったり、説明書に「医療目的に使うことができる」などと記載されていたりすると、「医療機器」と判断され、薬事法の規制がかかってくるのです。

アイスクリームの棒を生産している企業はたぶん、舌圧子を作ることは容易にできるでしょう。しかし、「舌圧子」として流通させるには、薬事法の規制を通さなければならないし、その販売ルートも新しく開拓しなければならないことになります。

### (3) リスク管理という企業文化

自社で作ることができる製品を少し変えることで「医療目的」を持った医療機器にすることはできます。しかし、販売するとなると薬事法の規制をクリアし、販売ルートを開拓しなければなりません。

多くの医療機器は、技術的に複雑かつ高度なものではないので、医療機器を目の前で分解されたものを見せられたら、多くの中小企業の経営者や技術者は、「これなら作れる」、「これよりもっと良いものが作れる」と言います。

しかし、医療機器の場合の問題は、作られた製品が使用されることに伴うリスクをどの程度まで理解し、そのリスクに対して対応策がきちんと取れるか、事故が起こったときの責任を取れるか、ということです。一般にリスク管理又はリスクマネジメントと言われるもの――利用環境の中で起こりうる危機事象を徹底して想像し、対応の方法をあらかじめ考え、リスクを最小限に抑えるという思考――が、設計から製造、販売まで行なわれているかどうかが問われるということです。

薬事法では、企業がリスクを抑えるための体制を整えているのか、リスクを軽減するために製品の設計、製造、販売上で原因となる要素を徹底的に潰すことを行なっているのか、万が一事故が起こった場合の対処・措置を速やかに行なえる体制を整えているのか、などを審査するわけです。そのため医療機器は、通常の商品よりはるかにリスクが低く抑えられるように管理されていると考えたほうがよいでしょう。逆に言えばそれだけ管理のコストがかかることになります。

医療機器の利用環境は、病院などの医療の現場ということになるので、医療機器の詳細な使われ方を知るのには難しいところがあります。医療機器の使用に伴うリスクを理解するには、医療従事者との密接な関係づくりがカギを握ることになります。

### (4) 長期的、合理的視点での経営

医療機器は人の命に関わるものですから、長期間にわたって製品や部品を供給する責任があります。また、そのような責任を果たしていくのだという覚悟が必要です。

なお、医療機器で事故が起こったら裁判沙汰になり賠償が大変だと言われることがありますが、実際には医療機器の事故リスクはそれほど高いものではありません。

日本では、医療機器の包装箱を依頼したら、「医療機器だから、何かあったとき危ない」ということで包装箱の製作・供給を拒否されたという極端な事例がありました。これは経営者の医療機器に対する知識の欠如、あるいは医療機器業界の情報発信の拙さ、情報発信量の不足に起因していると思われます。欧米では日本の企業が供給を躊躇している部材等の分野に積極的に参入して利益を上げている中堅企業が多く見られます。

## 1・2 医療機器への参入戦略（業態戦略）

### (1) 選択肢としての5つの業態

医療機器に参入しようとする場合、企業が選択できる業態にはいくつかのものがあります。これらは薬事法の規制をクリアする難しさの程度によって次のように5つに分類できます（医療機器以外の分野も含めて）。利益確保、製品寿命、薬事法への対応、参入障壁の程度が異なりますので、どれが自社にとって狙うべき業態かを検討することが必要となります。「医療機器」に入るか入らないかの二者択一ではないという

ことを理解してください。

①自社ブランドで医療機器の製造販売

・医療機器そのものの製造販売（自社ブランド）

・動物用医療機器そのものの製造販売（自社ブランド）

②医療機器のＯＥＭ（他社ブランド製品の製造）供給

③医療機器メーカーへの部品や試作品供給

・量産医療機器の部品あるいは部材、部分品の供給

・研究用医療機器の部品、部材、部分品の供給

・試作品の供給

④大学・研究機関への部品や試作品の供給

・研究用医療機器の部品、部材、部分品の供給

・研究用医療機器試作品の供給

⑤薬事法で縛られない医療機器関連の機器の製造販売（自社ブランド）

これら５つの業態の他に、モノづくりからではない参入の仕方がありますので、付加しておきます。

⑥国内外の医療機器の販売（輸入業、代理店、総代理店など）

自社の競争優位な技術を使って医療機器に参入したいと思っている場合でも、医療機器以外の分野も視野に入れておく必要があります。薬事法の規制を通すための厄介な手続きを行なうとなると、投資に対する回収時期が遅れたり、あるいは不透明になったりする傾向があり、事業計画が立たなくなることもあり得ます。そのため、同じ技術を活用し、別の応用先から始めるという戦略も自社の投資余力を見て検討すべきです。例えば、技術面で共通性を持つ動物用医療機器や計測機器、介護・健康機器、美容・スポーツ機器、病院・診療所関連の非医療機器なども吟味する対象になると思います。こうした広い視野で自社の技術の応用先を検討するためには色々な分野に対する知見を持った外部の力を借りることが必要になってくるでしょう。

どのような分野を選んで参入するのかは自社の能力

表1　色々な業態と経営面でのトレードオフ

| | ①自社ブランド医療機器製造販売 | ②OEM供給 | ③メーカーへの部品・試作品供給 | ④大学等への部品・試作品供給 | ⑤薬事法対象外自社ブランド品 |
|---|---|---|---|---|---|
| 利益 | ☆☆☆☆☆<br>非常に高 | ☆☆☆☆<br>高 | ☆☆☆<br>少し高 | ☆☆☆<br>少し高 | ☆☆<br>普通 |
| 製品寿命 | ☆☆☆☆☆<br>非常に長 | ☆☆☆☆☆<br>非常に長 | ☆☆☆<br>普通より長 | ☆☆<br>普通 | ☆☆<br>普通 |
| 間接費 | ★★★★★<br>非常に高 | ★★★<br>高 | ☆☆<br>少 | ☆☆<br>少 | ★<br>少し高 |
| 参入障壁 | ☆☆☆☆☆<br>非常に高 | ☆☆☆☆<br>高 | ★<br>低 | ★<br>低 | ★<br>低 |

注）☆プラス要素、★マイナス要素
間接費には薬事対応などの各種費用が一般管理としてかかってくる。
自社ブランド医療機器製造販売はクラスⅢを想定して評価している。

と資源、さらには参入する目的に照らして検討することをお勧めします。一旦参入をした後、医療機器業界のノウハウを蓄積し、より難しい業態に進むという考えも、的を射たものだと思います。

## (2) 自社ブランドで医療機器の製造販売

自社ブランドで医療機器を製造販売することは薬事法と真正面にがっぷり四つに組むことになります。製造販売業の許可と製造販売の承認（又は認証又は届出）が必要になり、規制への対応は他の選択肢より大変になります。

医療機器には、人間用のもの（厚生労働省管轄）と、動物用のもの（農林省管轄）がありますが、動物用のものの方が手続きは楽であるとは言えます。また、医療機器はクラスⅠ、クラスⅡ、クラスⅢ、クラスⅣに分けられ、ⅠからⅣにいくほど規制がきつくなり、手続きや管理に多くの労力を使うことになります。

### (3) ＯＥＭや部品、部材、部分品の供給

取引相手の医療機器メーカーが、一連の薬事法対応を担ってくれる場合があります。それは、①ＯＥＭ（製造請負）供給と②量産品の部品、部材、部分品などの供給――の場合です。ＯＥＭ供給の場合は、薬事法でいう業許可のうち製造業の許可を取得しておく必要がありますが、製品の承認申請はしなくともよく、その分は楽です。しかし、利益は減少します。市販品向けの部品や部材、部分品を供給する場合は、一部の場合を除いては製造業許可も要りません。ただし、商取引上、医療機器メーカーが、部材供給業者に製造業の許可を取ることを求めることはあります。

### (4) 研究用医療機器、試作品の供給

大学や研究機関で使う研究用医療機器や医療機器メーカーから依頼された試作品の製造・供給は、大量かつ定常的に行なうものではないので、「業」として行う「製造」には当たらず、薬事法の規制対象外になります。ただし、大学・研究機関で臨床研究に使う場合は、こうした製品の設計は研究の責任者である発注者が行なうものに限られ、発注者側の倫理委員会の許可が得られていることが必要となります。

### (5) 医療機器以外の製品

薬事法の規制対象となる医療機器とは別に、周辺関連分野で使われる製品があります。医療機器であるか否かの判断が難しいグレーなものも含まれますが、このようなものは規制機関とよく話し合い、製品化する前に医療機器か否かの判断をする必要があります。もし、医療機器ではないということであれば、一般的な製品と同じように薬事法の手続き・管理に煩わされることなく製造販売することができます。ただし、こうした分野は参入障壁が低く、競争が激しく、製品寿命が短く、利益も少ないという結果になります。

### (6) 事例に見る参入戦略としての業態

事例で紹介する企業について参入を果たした際の業態と現在の業態をまとめたものが表2「事例に見る参

表2　事例に見る参入戦略としての業態

| 事例で取り上げた企業名 | | 参入パターン | 現在の状況 | 参入時の業種 |
|---|---|---|---|---|
| 1 | スズキプレシオン | ③ 部品供給 | ① 製品 | 精密切削加工部品 |
| 2 | ナカシマメディカル | ① 製品 | ① 製品 | 曲面加工 |
| 3 | 金子製作所 | ③ 部品供給 | ③ 部品供給 | 微細切削加工部品 |
| 4 | 二九精密機械工業 | ③ 部品供給 | ③ 部品供給 | 精密微細切削加工部品 |
| 5 | 京都医療設計 | ⑥ 医療機器販売 | ① 製品 | 医療機器卸 |
| 6 | TSS | ① 製品 | ① 製品 | 電子部品製造機械 |
| 7 | 湯原製作所 | ③ 部品供給 | ③ 部品供給 | 自動車部品 |
| 8 | サンメディカル | ① 製品 | ① 製品 | 時計製造技術を基にしたベンチャー |
| 9 | 山科精器 | ④ 試作品 | ① 製品 | 工作機械等のメカトロニクス |
| 10 | JMC | ⑤ 医療関連製品（非医療機器） | ⑤ 医療関連製品（非医療機器） | 鋳造 |
| 11 | 東海部品工業 | ② OEM | ① 製品 | 自動車用ねじ |
| 12 | パイオラックス | ② OEM | ① 製品 | 金属ばね、工業用ファスナー等 |
| 13 | エイシン電機 | ⑤ 医療関連製品（非医療機器） | ⑤ 医療関連製品（非医療機器） | 業務用厨房製品 |
| 14 | ジェイマックシステム | ⑤ 医療関連製品（非医療機器） | ① 製品 | ソフトウェア開発ベンチャー |
| 15 | アイデンス | ⑥ 医療機器販売 | ① 製品 | 販売代理店 |

注：参入パターン、現在の状況の番号は本文で解説した参入業態の番号に対応している。

入戦略としての業態」です。各社の体力や経営資源などを勘案し、戦略的に選択し事業を発展させてきていることが分かります。具体的な参入の経緯やその後の展開、直面した課題とその解決法などについては第2部の事例研究を読んでいただき、貴社の参入の際の参考にしていただきたいと思います。

## 1・3　販売ルートの確保

### (1)　部品・部材、部分品の販売

部品・部材、部分品に関しては、医療機器メーカーへの売り込みが中心になります。直接、コンタクトする方法もありますが、世界各国で開かれている展示会に出展するのも良い方法です。しかし、展示会にはそれぞれ特色がありますので、特色を事前に把握した上で、展示戦略を立てて臨むべきです。漫然と出しただけでは成果は望めません。また、地方自治体等では積極的にビジネスマッチングなどを行なっているので、それを活用するのも一つの手です。

医療機器メーカーも安全性や品質という観点から、既存部品については発注先を変えることはありませんので、チャンスがあるのは新たな製品の開発を始めた時になります。また、傾向として大手医療機器メーカーよりは中堅医療機器メーカーの方が新たな部品、部材、部分品を受け入れやすいようです。

### (2)　医療機器の販売

医療機器の販売については、ＯＥＭで出すか、自社ブランドで出すかで大きくアプローチが違ってきます。ＯＥＭであれば、販売というよりも製造の発注元（医療機器メーカー）を探す又は医療機器メーカーへの売り込みが必要になります。自社ブランドの場合は販売会社を探す必要があります。

医療機器の販売ルートは細分化されていて、それぞれの専門科ごとに異なります。産婦人科、外科、放射線科、小児科、歯科など、それぞれに強いルートを持つ医療機器メーカーや販売会社がありますので、自社の医療機器に適したメーカーや販売会社を選択し、で

きれば開発中にでもそうしたメーカーや販売会社の意見を聞きながら製品化を進めていくことが必要です。

自社ブランドの販売に関しては、該当する国内外学会での関係していただいている医師を通じての論文発表や学会での展示も顧客獲得には非常に有効です。

### (3) 医療機器以外の製品の販売

医療機器以外の製品の中でも病院や診療所で使われている製品は、多くは病院の購買担当者を通じて購入されます。通常は出入りの販売会社あるいは卸がありますので、そこを経由して販売することになります。販売会社や卸から押し込んでもらう方法もありますが、一方では病院関係者が必要だと思えるものだと、病院関係者がそうした販売会社や卸に取り寄せるように要請し、販売ルートが開ける場合もあります。

他の医療機器以外の製品についてはそれぞれの分野の販売会社があるので、そうしたところを適切に選択することになります。

## 1・4 社内体制の整備等

以上、医療機器分野参入の際の薬事法などの事業環境対応について述べましたが、それに伴って社内体制を整備することが必要となってきます。《事例》で紹介されますので、ここでは詳細は述べませんが、次のようなことを実行していく必要があります。

①経営トップの明確なコミットメント

②人材の確保と育成

- 業許可などを得るための人材
- 知財戦略や薬事戦略を担当できる人材
- 医療従事者との交流ができる人材

③複数の医師や医療従事者からの共通ニーズの抽出体制

医療機器分野は成長分野であり、安定的な収益をもたらす分野です。しかし異業種から医療機器への参入に成功された企業経営者は、事業を100%医療機器分野にシフトしようとは考えていません。新たな医療機器事業が30％でも企業収益に貢献すれば、安定的な企業経営ができると考えておられます。

《事例》は、中小企業がどのようにして医療機器に参入し、成功したかをまとめたものです。色々な理由、背景をもつ企業の参入例ですので、読者の方は、自社の置かれた状況を見ながら、医療機器への参入の参考にしていただきたいと思います。

# 2 成功事例に見る参入の課題とその解決策

医療機器への参入には、種々のきっかけがあり、いろいろな参入形態があります。したがって、参入の難易度や課題も様々です。ここでは、第2部に紹介する15社の《事例》に関して、参入の課題とその解決策に焦点を絞って解説します。なお、課題として取り上げたのは2・1〜2・12項で、全ての企業がこれらを課題として捉えたわけではありませんが、各企業はどのように課題を解決していったのか。取り上げた課題とそれに関わる企業との関係は、表3をご覧ください。

## 2・1 専門用語について

参入の入口で、「医療の専門用語がわからない」、「基礎知識がない」という課題にぶつかることが多い。医療機器に限らず、どのような分野にも専門用語があり、しかも、進歩が速い分野ほど、日々、多くの専門用語が生まれています。

新しい分野の事業に進出するときは、当該分野の業務ノウハウを獲得しなければならないのは当たり前ですが、その第一歩に「言葉・用語」の理解があります。

さいわい、数多くの医療に関する用語辞典をはじめ多くの関連図書が出版されていますし、インターネット検索という便利な手法もあります。これらを活用することは基本ですが、参入の際に医療関係者との関わりがあれば、その方に尋ねるのが一番です。しかし、多忙な関係者からどちらかといえば初歩的なことを教えてもらうことには躊躇せざるを得ません。診療が終了したあとの時間帯に短時間割り込ませていただくとか、夜間当直時のやや手空きの時間を割いていただくとか、多少の工夫は必要になります。こちらの熱意と教えを請う謙虚さがあれば、コミュニケーションは必ず成立します。なお、専門知識を持った医療関係者が親類、友人など身近の方々の中にいないかどうか、改めて見直してみるのも大事です。

## 2・2　薬事制度について

薬事制度は参入の際に共通する最大の課題の一つです。「全く知識がない」、「少しは知っているが実務経験はない」という場合には、まず、薬事制度一般に関する初歩的な知識を吸収する必要があります。

制度の根幹は薬事法の規定ですが、いきなり、「薬事法」から読み始めるというアプローチはお薦めできません。なぜなら、「法律」はわかりやすく書かれている訳ではありませんので、これから始めると途中で挫折する可能性が高いからです。ではどうするか。《事例》では、「薬事関連出版物の参照」、「各種機関が開催するセミナーへの参加」、「厚生労働省、各自治体のホームページの関係事項の参照」、「厚生労働省、独立行政法人医薬品医療機器総合機構（略称「ＰＭＤＡ」）、各自治体、公益財団法人医療機器センターへの相談」、「既存医療機器企業、薬事コンサルタントへの相談」などの解決方法が示されています。

薬事法は１９６０（昭和35）年に制定されてから半世紀以上をかけて規制内容の拡充、制度の精緻化が行なわれ、複雑化してきています。薬事法に発して、薬事法施行令などの政令、薬事法施行規則をはじめとする多くの省令、厚生労働省告示、さらには、これらを補足する厚生労働省関係部門（医薬食品局）からの諸通知、細部に関しては、ＰＭＤＡや厚生労働省、医療機器産業界、登録認証機関間の取決事項など膨大な量の決め事から制度体系は構築されていますので、入門者は、制度の細目には目をつむって、まず、制度の骨格を理解し、制度体系を俯瞰しておく必要があります。そのためのツールとしては、数ある薬事法関連出版物

表3　課題・対策と《事例》企業との関係

| 課題および対策等 ＼ 紹介企業 | | スズキプレシオン | ナカシマメディカル | 金子製作所 | 二九精密機械工業 | 京都医療設計 | TSS | 湯原製作所 | サンメディカル | 山科精器 | JMC | 東海部品工業 | パイオラックス | エイシン電機 | ジェイマックシステム | アイデンス |
|---|---|---|---|---|---|---|---|---|---|---|---|---|---|---|---|---|
| 2.1 | 専門用語 | | | | | | | | | ○ | | | ○ | | | |
| 2.2 薬事制度 | 医療機器の範囲 | | | | | | | | | | ○ | | | ○ | ○ | |
| | 医療機器の分類 | ○ | | | | | | | | ○ | | ○ | ○ | | | |
| | 業許可 | ○ | ○ | ○ | | ○ | ○ | | ○ | ○ | | ○ | ○ | ○ | ○ | |
| | 承認・認証・届出 | | ○ | | | | ○ | | ○ | ○ | | ○ | ○ | ○ | ○ | ○ |
| | QMS | ○ | | | | | ○ | ○ | ○ | ○ | | ○ | ○ | | | |
| | 治験 | | | | | | | | ○ | | | | | | | |
| 2.3 | 技術 | ○ | ○ | ○ | | ○ | | ○ | ○ | | ○ | ○ | ○ | | | ○ |
| 2.4 | 資金 | ○ | | | | ○ | | | ○ | | | | | | | |
| 2.5 | 市場性 | ○ | | | | | | | | | | | ○ | | | ○ |
| 2.6 | 医工連携 | ○ | ○ | ○ | | ○ | ○ | ○ | ○ | ○ | ○ | | ○ | ○ | | ○ |
| 2.7 | 販売 | ○ | ○ | | ○ | ○ | ○ | ○ | ○ | ○ | ○ | ○ | ○ | ○ | ○ | ○ |
| 2.8 | PL | | ○ | | | ○ | | | ○ | ○ | ○ | ○ | ○ | ○ | | ○ |
| 2.9 | 保険償還 | | ○ | | | | ○ | | ○ | ○ | | ○ | ○ | | | ○ |
| 2.1 | 海外展開 | | ○ | ○ | ○ | ○ | | | ○ | ○ | ○ | ○ | ○ | ○ | | |
| 2.11 | 知財 | ○ | | | | ○ | ○ | | | ○ | | | | | | |
| 2.12 | 事業性 | ○ | | | | ○ | ○ | ○ | | ○ | | | | | | ○ |

○印は、左欄に示す、課題および対策の各項目に関連した事項が記載されている企業の紹介記事を示す。

やセミナーの中でも、入門的な解説を内容とする図書やセミナーの活用をお薦めします。たとえば、セミナーの中では、日本医療機器産業連合会（略称「医機連」）等の医療機器業界団体が用意している、最近の話題を中心としたセミナーや教材より、医療機器センター等が主催する基礎的な内容の理解を主眼とするセミナーや教材の方が適当です。ちなみに、本書の姉妹編である『医療機器への参入のためのガイドブック』の薬事法解説は、読者として入門者を意識したものであります。

薬事制度の骨格が理解できたら、実務に必要な各論に関する詳細を理解する必要があります。各論についてすべて言及する紙幅はないので、ここでは代表的な次の項目に関する課題と解決法について記すにとどめます。

・医療機器の範囲について
・医療機器の分類について
・業許可について
・製造販売承認・認証・届出について
・ＱＭＳ（薬事法での品質管理監督システム）とＩＳＯ１３４８５（医療機器の品質マネジメントシステムに関する国際規格）について
・治験について

### (1) 医療機器の範囲について

さて、医療機器のどういう製品で参入するかが決まった段階では、まずは、当該製品が医療機器なのかそうでないのか、医療機器ならどういう機器なのかを、薬事法に照らして明確に定めなければならないという課題に直面します。医療機器でなければ、薬事法の規制対象外でありますし、医療機器であれば、薬事法の規制対象となり、その機器が不具合を生じた場合のリスクの程度によって規制の程度や規制の方法が異なってくるからです。

《事例》でも散見されますが、医療機器の製造に用いられる部品、プログラム、材料を製造、販売しているに過ぎない場合や、医療機器の部材の加工のみを事業とする場合には、通常は薬事法の適用を受けません。

医療機器であるか否か、医療機器ならどういう分類の医療機器かを決めるのは、原則として事業者自身です。そのためには、薬事法（以下「法」ともいう）第2条第4項の定義に合致しているかどうか、合致していれば薬事法施行令（以下「政令」ともいう）の別表第1のいずれの項目に合致するかを確認し、さらに、厚生労働省通知で定められている「医療機器のクラス分類と一般的名称」のどの名称に該当し、かつ、その一般的名称の医療機器の定義に合致しているかどうかを判断する必要があります。

判断の各段階で種々の疑問点が出る場合があります。たとえば、参入製品は、ある一般的名称に合致すると考えられるが、その定義には合致しない。または、政令別表第1のある項目に相当すると思われるが、適当な一般的名称が見当たらない。または、法第2条の定義からは、医療機器だと考えられるが、別表第1に適当な項目がない、さらには、法第2条の定義に当てはまらないと考えられる、などの事態です。このように、判断に迷う時には、薬事コンサルタントの支援を受けるか、最終的には、行政あるいはＰＭＤＡに相談する必要があるかもしれません。

計測情報を加工して、診断や治療に役立つ情報を合成するような、明らかに医療機器としての性格を有していながら、パソコン、携帯用端末などにインストールされて使用されるソフトウェア（単体ソフトウェア）については、２０１３（平成25）年5月末現在では薬事法上は医療機器ではありませんが、次回の薬事法改正では、医療機器の範囲に組み込まれると考えられています。

いずれにせよ、医療機器と非医療機器の間にはグレーゾーンが存在します。上記の判断を適正に行なった上で、参入品がそのゾーンにあると判断された場合には、薬事規制のハードルをできるだけ低くする工夫を加えることも事業展開上は必要であります。

## (2) 医療機器の分類について

「クラス分類の特定が難解」という課題があります。前項に記したように、医療機器の属するクラス分類などによって、規制の程度や方法が定められています。薬事法では、高度管理医療機器、管理医療機器、一般医療機器という分類が採用されていますが、その分類は、医療機器規制の国際整合会議でまとめられたクラス分類（Ⅰ、Ⅱ、Ⅲ，Ⅳ（Ⅳが最もリスクが高い機器）の4分類）に基礎を置いています。「医療機器の一般的名称と分類」に掲げられた医療機器に該当する場合は、既にクラス分類は定まっています。特定が難解なのは、一般的名称があってもその定義と異なるものや、一般的名称が見当たらない医療機器の場合の扱いです。

これらの場合には、類似の既存医療機器の分類を参考にするとともに、通知として発行されている、クラス分類を特定するためのデシジョンツリーを精読して、特定します。必要であれば、行政、ＰＭＤＡ、薬事コンサルタントなどに相談します。

## (3) 業許可について

医療機器でどういう事業を行なうかによって、薬事法で定められた4つの業態のうち、事業に必要な業態を定め、その業態に求められる条件を確立する必要があります。

薬事法で定められた医療機器の4つの業態は、製造販売業、製造業、販売業・賃貸業、修理業ですが、このうち、製造販売業、製造業、修理業は取り扱う医療機器のクラス分類にかかわらず、地方自治体の許可が必要です。

販売業・賃貸業に関しては、扱う医療機器のクラス分類によって扱いが異なります。すなわち、クラスⅠであれば許可も届出も不要ですが、クラスⅠ機器でも特定保守管理医療機器に該当する場合には業許可が必要になります。同じくクラスⅡ機器であれば届出が必要になりますし、クラスⅡ機器でも特定保守管理医療機器の場合は業許可を必要とします。クラスⅢ及びⅣであれば業許可を必要とします。

業許可の要件には、それぞれの業態で求められる構造設備要件、責任者の設置、その他の許可要件があります。製造販売業では、総括製造販売責任者、品質保証責任者、安全管理責任者の設置が求められ、製造業、修理業では責任技術者の設置、高度管理医療機器の販売業では販売管理責任者の設置が義務付けされています。それぞれの責任者の資格要件も定められています。

「資格要件を満たす人材が社内にいない」という課題に直面する場合も多く見られますが、資格要件によっては、社員に新たな経験を積ませる、特定の講習会（たとえば、医療機器センターで実施している）を受講させるなどの方策を取れば資格要件を満たす場合もあります。経験、教育などの時間的余裕がない場合には、既に必要な資格要件を満たす人材を採用するという解決策もあります。

新たな事業に参入するために必要な開発設備、新規加工設備、量産設備、検査設備などの導入や新たな建物の建設が必要となる場合も多いのですが、それらは医療機器でなくとも、新規事業の立ち上げには必要な措置であって、薬事法上の構造設備規則を満たすために事業所の建物、設備、レイアウトなどに手を加えなければならない程度は必ずしも大きくはないと考えられます。

業許可を得るために、薬事法に則って業務を遂行する社内体制を確立しなければならないという課題もあります。製造業では、その代表は品質管理体制（薬事法では品質管理監督システム（略称「ＱＭＳ」））の確立で、これには新規参入のすべての企業が取り組んでいます。この件については別項で触れることにします。

製造販売業者の要件として、品質管理基準（略称「ＧＱＰ」）及び製造販売後安全管理基準（略称「ＧＶＰ」）があり、これを満たすためには、責任者等の人材の設置、社内組織の確立のほかに、必要な社内基準等を整備する必要があります。これが、「GQP、GVP手順書の整備」という課題です。この解決には、「東京都がウェブ上で公開している雛形」が参考になったとする事例が多く見られます。また、地方自治体、薬事コンサルタント、既存の製造販売業者などからの支援も活用されています。

最後に、「業許可申請書の作成」自体も一つの課題です。《事例》からは、「種々の書籍」、「各種セミナー参加」などで一通りの情報を入手した後、「地方自治体に相談」するのが一般的な解決方法と考えられます。もちろん「薬事コンサルタント」に相談したり、業務委託したりする方法もあります。

### (4) 製造販売承認・認証・届出について

おそらく、すべての企業が薬事制度上、製品化の出口の最大関門と考えている事項であり、大きな課題と捉えています。「認証申請は手探り状態」、「審査官からの指摘への対応に多大な時間を要した」などの指摘が多くあります。

ここは、先に記した医療機器の分類により取り扱いが異なります。「高度管理医療機器」及び「認証基準が無いか、あってもそれに適合しない管理医療機器」の場合は、PMDAに承認申請を行ない、審査を受けます。「認証基準があって、かつ、その基準に適合する管理医療機器」の場合は、登録認証機関に認証申請を行ない、審査を受けます。「一般医療機器」の場合は、届出を行なえば良いことになっています。医療機器の分類によって、審査の難易度も異なり、承認または認証に至るまでの期間も異なります。

この制度の細部に関しては、かなりの頻度で変更が加えられていますので、最新の状況を理解する必要があります。そのための一般的な情報入手には、「医機連はじめ業界団体がこのテーマで実施するセミナー」での情報入手が効果的です。最終的には、申請先である「PMDAあるいは登録認証機関に相談」したり、指導を仰いだりするのが適切です。

参入製品が複数考えられる場合には、「低いリスクの製品から参入する」のも薬事戦略の一方策です。また、管理医療機器で、認証申請するか承認申請するかを迷う場合もあります。このような場合は、筆者は認証品として申請する方策を優先して検討すべきだと考えます。認証に要する費用と期間は、承認に比し一般的に小さいからです。

製品の競争力を高めるために、製品に新機能を組み込み、しかも、その機能の臨床上の効能を大きく宣伝したい――とは新規参入者の多くが考えることですが、その方針を固持すると、必然的に承認となり、しかも、治験を必要とする、難易度の高い審査を受けなければならないことになります。製品化による事業の全体を冷静に見渡した上で、必要以上に審査の難易度を上げることは避けるべきだと考えます。

承認品であっても、新医療機器として申請するか、改良医療機器あるいは後発医療機器として申請するかという判断を必要とする場合にも同様なことが言えます。

医療分野でも使われるが、汎用品であって、薬事法上医療機器扱いをしていない機器に多少の工夫を加えて、ぜひ、医療機器として承認申請したい、という参入者に出会うことがあります。苦労して承認を得たとしても、そのことで販路が広がるわけでもないので、事業戦略としては首をかしげざるを得ません。

医療機器の製品化にとって、薬事戦略は避けては通れない重要な事項でありますが、事業戦略の一部に過ぎません。

《事例》でも指摘されている、承認、認証要件になっている当該製品の製造所のＱＭＳの構築、及び承認プロセスのうちでも難易度の高い治験に関しては、項を改めて記します。

## (5) ＱＭＳとＩＳＯ１３４８５について

薬事法規制の大きな柱として、製造所のＱＭＳ基準への適合が承認・認証要件となっています。したがって、製造業にとっては、「ＱＭＳ体制の確立」という課題をクリアしないといけません。体制が不十分だと、「ＱＭＳ調査において多くの指摘があり、その対応に時間を要する」事態が生じて、製品化の工程表に大きな影響を与えることになります。

ところで、ＩＳＯ１３４８５とＱＭＳ基準（厚生労働省令）は内容的には緊密な関係にあるものの、別なものであります。前者は規格（対応する我が国の国家規格は、ＪＩＳ Ｑ １３４８５）であり、その認証を得るか否かは、企業が任意に決めれば良いことです。認証するのは、当規格の認証を行なえる登録認証機関です。ＩＳＯ１３４８５の認証は薬事制度の枠外のことであります。

ＱＭＳ基準は、内容的にはＩＳＯ１３４８５を下敷きとしますが、薬事法の体系に整合した形に変形されており、かつ、法的な強制力を有するという大きな差異があります。したがって、薬事法の適用を受ける製造業者にあっては、この基準に適合する体制を整備し、この基準に則って、品質管理を行なうことが必要条件になっています。

ＩＳＯ１３４８５の認証機関が、医療機器の製品の認証を行なう機関（登録認証機関といいます）を兼ねている場合があります。この場合には、ＱＭＳ省令でのフォローアップとＩＳＯ１３４８５の認証のフォローアップを同時に実施するのが効率的です。

国内市場のみを対象とする場合には、必須要件のＱＭＳ体制を確立、維持すれば十分ですが、海外市場を対象とする場合には、世界共通のＩＳＯ１３４８５の認証を得ておくことが必要になります。

ＱＭＳに関する情報収集には、多くの出版物、自治体のホームページ、各種セミナーを活用するのが良いでしょう。たとえば、ＱＭＳ基準に関する基礎的な部分を研修するには、医療機器センターの主催する講習会があり、QMSに関する最近のトピックスを中心とした内容を研修するには、医機連主催の講習会があります。なお、医機連ではQMSを構成する諸事項の、ある部分を掘り下げたQMSエキスパートセミナーも開設しています。登録認証機関主催のセミナーもあります。

QMS調査の詳細については、調査の申請先である、PMDA、登録認証機関あるいは地方自治体に相談するのが基本です。

### (6) 治験について

PMDAへの承認申請の中で、臨床試験データが必要とされるものの件数は、それほど多くあるわけではありませんが、独創的な新医療機器の場合には避けて通れないのが治験です。治験は、承認申請に必要なデータを収集するための臨床試験のことで、通常、大きな費用と長期の時間を必要とします。

したがって、十分な準備と計画が求められます。一般的な情報収集には、各種出版物、PMDAのホームページ、医機連主催等の治験に関するセミナーなどの活用が中心になりますが、「協力関連企業からの情報入手」も可能な場合があります。独立行政法人産業技術総合研究所（略称「産総研」）の「医療機器レギュラトリーサイエンス研究会」が臨床試験の事例紹介を取り上げる場合などには参考になります。

「治験計画書の作成にはFDAのガイドラインを参考に」、「関連学会・医療機関への治験要請」、「CRO（開発業務受託機関）の活用」などの経験事例は参考になります。

最終的には、PMDAの治験に関する相談制度を活用しながら実施することになります。

治験ではありませんが、新医療機器の承認に関して、《事例》ではいくつかの重要な指摘がなされています。

一つは、承認の先例のない新医療機器においては、その開発・承認に関する基準（たとえば、承認基準、承認審査ガイドライン）がありません。したがって、承認を少しでも効率的に進めるには、製品の開発と並行して、必要な基準を必要なタイミングで作成するように働きかけを行なうことが求められます。「開発ガイドライン（経済産業省管轄）」や「評価指標（厚生労働省管轄）」を策定することによって、この課題を解決していこうとする事業が継続して実施されていますので、関連学会と連携してこの制度を活用するのが望ましいといえます。

また、「ニーズの高い医療機器」の検討会が設けられています。ここは、関連学会からの要請に基づき、我が国では承認実例がなく、臨床上必要性の高い医療機器の審査プロセスに優先性を付与する仕組みです。この検討会で「ニーズの高い医療機器」という指定を得るのも有効な方策でしょう。

## 2・3　技術について

医療機器は多くの技術要素から構成されるのが普通で、すべての技術要素を社内で保有しているケースはむしろ稀有なケースであります。したがって、自社には無い必要な技術要素をどう調達するかが大きな課題となります。この課題に対しては、①その技術をそっくり他の企業に委託する、②大学・工学系研究機関の協力を得て技術開発する、③必要な技術指導者を採用、必要な特許使用権を獲得、必要な設備・人材を確保して、社内外での研修を行なって社内に技術を確立する――などの方法で技術課題を解決した《事例》が示されています。いわゆる〈make or buy〉ですが、製造業の場合、やはり、製品製造に必須で、競争力のあるコア技術は、社内に確立するのが基本です。

## 2・4　資金について

「試作」、「設備導入」、「人材採用」、「薬事規制対応」、「特にQMS確立」、「特に治験」、「外部委託試験」さらには「研究機関との共同研究・共同開発」等々、場合によっては、「長期間の莫大な投資」の財源確保はいずれの企業にとっても大きな課題であります。

この課題への対応策の一部を《事例》から抽出すると、「既存事業の収益から振り向ける」、「比較的に回収の速い製品の市販による売上収益から振り向ける」、「部材供給に徹し、受注生産で確実な回収を図る」、「競争的資金の活用（たとえば、経済産業省所管、地方自治体所管、各種団体など）」などが挙げられています。

なお、医療機器参入に関する支援策に関しては、本書の姉妹編である『医療機器への参入のためのガイドブック』の第6章にまとめられています。

## 2・5 市場性について

事業を始める以上、市場性については事業主体となる企業が客観的に冷静に把握しておくべき事項でありますが、市場性を把握するのは実際にはなかなか難しいのが実情です。

我が国の医療機器の市場を推定する公的な統計資料としては、厚生労働省の「薬事工業生産動態統計年報」が発行されています。また、医療機器の工業会では、関連する医療機器の生産統計調査を独自に行ない、公表している場合があります。

しかし、ここで示される統計値は、既存の医療機器の生産量（及び額）、輸出量（及び額）、輸入量（及び額）であるので、おおよその我が国の市場規模を推定する材料を提供するに過ぎません。参入する製品が、既存のどの製品の市場に、どの程度踏み込めるかは、その製品の競争力や販売力に依存するわけで、この統計表は何の手がかりも与えません。とはいえ、参入製品が既存製品の市場を完全に置換し、さらに、当該市場自体の規模が拡大するというような、楽観的で独りよがりな市場予測を抑制する程度の機能はあります。

世界の市場に関しては、なかなか、適当な資料が無い状況ではありますが、ＪＥＴＲＯ（独立行政法人日本貿易振興機構）の公開情報やＪＥＩＴＡ（一般社団法人電子情報技術産業協会）の調査報告書などが参考になります。

なお、市場性について調査会社に依頼して調査する方法がありますが、調査会社の調査実績、コスト・パフォーマンスなどを十分勘案した上で依頼するのが良いと思います。

## 2・6　医工連携について

ニーズの源は臨床現場にあり、医療機器などの開発にあたっては医療関係者との連携や臨床現場からの情報収集が不可欠であります。試作途上や最終製品としての医療機器の形状・重量等の受容性、有効性、安全性、使用・操作面、保守点検面などの評価も医療関係者から得なければなりませんし、医療機器の動物実験や治験を含めた臨床試験もまた医療関係者との連携・協力なしには実施し得ません。これは医療機器開発の宿命であります。

一方、工学関係者・研究機関とは、技術に関する少し基礎的な関連研究や、キーコンポーネント、材料、機能モデル、サブアセンブリなどの開発を依頼したり、開発指導を受けることでの連携が多く行なわれています。

最近では、先進的な医療機器の開発ガイドラインや評価指標策定のプロジェクトが成果を生んでいますが、そういう側面での医工連携も不可欠であります。

《事例》では、上記のほか、医工連携の効用として次のような事項が挙げられています。

・基礎的な知識（たとえば医学専門用語、当該医療機器の医療における位置づけなど。あるいは解析の基礎手法など）の入手
・製品そのものではなく、「製造設備、試験設備・シミュレータ」の共同開発
・特許の共同出願
・「学会発表」等を含めた広報活動

・共同での販路開拓

医工連携先は、学会・大学・病院・研究機関・各地の産業クラスター・自治体・その他の団体（たとえば「医工ものづくりコモンズ」、地元の医療産業関係の協議会）などの実施する医工連携研究会・セミナーでめぐり合うケースが多く、《事例》では、連携先として、具体的な大学、産総研などの研究機関、県の技術センターなどが挙げられています。

なお、自社が医工連携の研究会を主催したり、医工関係者のネットワークを構築しているケースも多くあります。

## 2・7 販売について

新規参入に際して、最大の課題ではないかと思われます。《事例》でも「販路あてなし」、「販路少なし」、「販売業者に関する知識不足」などの課題が頻繁に見受けられます。

既存の医療機器販売ルートは、大型機器はどちらかといえば直接販売が主流で、小型の機器や部材については間接販売が主流となっていますが、実際はかなり複雑になっています。

《事例》で挙げられた解決策としては、以下のような方策があります。

・共同開発・医工連携で知り合った医師からディーラーを紹介してもらう。
・各地のディーラーに販売要請する。
・大手商社に売り込む。
・提携した製造販売業者や製造業者の販路を活用する。
・別の商品を販売していた従来の販路を活用する。
・販売会社を新たに開設する。
・知り合いの医師はじめ医療関係者の周辺から直接営業活動する。
・特定病院に直接営業活動をする。
・学会発表等で認知度を上げる。
・ホームページで広告する（医療機器の広告には制

限があるので注意が必要ですが）。

・パンフレット、DVD、サンプルなどを配布する。

・学会等展示会に出展する。

・（部材等であれば）医療機器企業に売り込む。サンプルを提供する。

## 2・8　PL（製造物責任）対策

　医療機器に関するPL訴訟はそう多いものではありませんが、インプラント機器、生命維持に関わる機器などリスクの高い機器、治療用機器、電気ほかエネルギーを利用又は発する医療機器などに関しては、PL保険に加入しておく方が良いと考えられます。

　《事例》をみると、筆者の想像以上に、PL保険加入のケースが多いようです。輸出する場合には海外PL保険を考慮する必要があります。

　なお、PL保険は、PL事故が発生した時の損害補償対策が主目的でありますが、PL対策としてより重要なのは、事故を予防するための安全性対策であります。安全性設計においては、①基本安全設計、②安全機構の組み込み、③表示・取扱説明書による指示・警告――をこの順序で実施するという原則があります。それぞれのステップで、実行可能な対策を取ることが重要であります。予想できる誤操作や誤動作に対しても安全を担保する配慮が求められています。

　PLに関係して、医療機器に使用する部品や材料、特にインプラント製品の部材の供給を受けられないというケースがあります。PL法制定当時に比べて、多少、融通が利くようになったとはいえ、困難に遭遇することがあります。《事例》においても、以下のような苦労と工夫が示されています。

・生体接触材料は入手困難、原材料メーカーからではなく、間接的に入手した。

・入手困難な場合があり、自社のPL保険の対象品に組み入れるなどの説得で供給を受けた。

・国内調達が困難な部材については海外から調達した。

なお、２０１１（平成23）年3月に経済産業省が「医療機器の部材供給に関するガイドブック」を作成していますので、活用することをお薦めします。

また、２０１２（平成24）年3月には医療機器に関するＰＬ団体保険制度（東京海上日動火災保険会社と日本医療器材工業会の共同による）が創設されています。

## 2・9　保険償還について

我が国においては、医療機器の普及には、当該医療機器を用いた医療行為に健康保険が適用されることが不可欠です。保険が適用されると、その医療機器は、保険診療で使用できるようになりますし、使用した場合に保険から費用が支払われることになります。その費用は、医療機器によって、①医師の技術料（診療報酬）に含まれるものと、②技術料とは別に材料として独自に価格が定められるもの――に分けられます。①の例では、ＭＲＩ（磁気共鳴画像診断装置）を使った検査があります。この場合の費用は、診療報酬に含まれた形になっています。一方、②の例では、人工心臓ペースメーカのような「材料」があります。このような材料は消耗品として患者に使用するたびに保険からお金が支払われることになります（このような「材料」を「特定保険医療材料」といいます）。

したがって、すでに保険適用されている医療機器はともかく、技術料の設定のない新しい医療技術や、技術料の設定はあっても材料価格の設定がない新医療材料に関しては、保険適用のための活動を関連医学会と連携して進めることを忘れてはなりません。

## 2・10　海外展開について

《事例》においても3分の2が海外展開を行なっていたり、検討中であります。

薬事法に相当する規制関係も、健康保険法に相当する保険の仕組みも、輸出先によって大きな隔たりがあるので、常に関連する最新の海外情報を入手しつつ、事業展開を行なう必要があります。海外情報はセミナー等でも簡単には入手できない場合があり、現地の代理店から得る方が良い場合もありますが、《事例》では以下のような方策が披露されています。

・ＪＥＴＲＯの情報や支援活動を活用する。
・大阪商工会議所の協力を得る。
・社内外の海外ビジネス経験者、経験企業からアドバイスを受ける。
・知り合いの医師を通して海外情報を得る。

規制をクリアするための治験については、「事業展開先の国の病院と契約する」、「治験依頼先の選定には、学会発表の内容を参考にする」、販売促進策としては、「海外の学会で発表する」、「国際展示会に出展する」、「英文のホームページで紹介する」、具体的な販路については、「信頼できる海外代理店を確保する」、「現地の会社訪問で得た情報も含めて海外代理店を選定する」、「現地に販売会社を設立する」、海外展開の資金に関しては、「地方自治体の海外進出助成を得る」、人材に関しては、「外国人留学生を採用し営業活動を担当させる」等々の諸方策が記されています。

海外ビジネスの最大の課題は、製品の「価格競争力」であり、為替も課題でありますが、いかに原価を下げるかが大事であるとの指摘が多く見受けられます。

## 2・11 知財について

知財について、「知識がなかった」と表明している《事例》もありますが、商標登録出願、特許出願については、開発計画の工程表に当初から出願予定時期を記入し、開発費の一部として知財関連経費を最初から予算化しておくなど、開発業務の一部であるという意識で取り組むことが大事です。

特許の明細書を書くには、通常の業務における文書作成とはかなり異なった文書スタイルが求められますので、特に開発技術担当者には普段から教育、訓練をしておく必要があります。最初は気軽に特許文書を書くというスタンスを身につけさせることが大事ですが、次第に特許文書の質を上げていく必要があります。

グローバル化の時代ですから、海外における権利を確立することを同時に考えていかねばなりませんが、特許出願、審査請求、権利化された後の維持等には相応の費用が必要ですので、特許文書の質を上げ、できるだけ基本的な、請求範囲が広くなるような出願を心がけるべきですし、海外への特許出願に関する社内基準なども定めておくのも一方策です。

特許明細書の文体が独特であることもあって、最終的には専門の弁理士に明細書の作成や出願手続きなどを依頼するケースが多いと考えられますが、その場合でも特許化したい内容を的確に弁理士に伝える必要があり、弁理士任せは避けるようにしなければなりません。

共同出願や知財の売買など知財に関する諸契約が必要になりますので、予め、一般的な契約書類を用意しておくことをお薦めします。

なお、特許は権利化することによって出願者が保護される仕組みですが、逆に、内容が公開されることによって競合企業に情報を与えることにもなります。他社が無断でそのまま利用するのは、もちろん、違反行為ですが、いわゆる海賊版を生み出す可能性もあります。さらには、競合他社に対して、当該特許を回避する方法を検討するための格好な材料を提供することにもなります。したがって、なんでも特許化すればよいということではありません。特許出願すること、あえて出願しないことの双方の選択肢があります。個々の案件の知財をどう守るかは、まさに、当該企業の知財戦略にかかっています。

## 2・12　事業性について

　参入製品の事業性は、詰まるところ損益計画で判断されます。売上、原価、経費、損益に関する年度計画は、参入のための諸活動の総合的な評価を反映したものであります。もちろん、この計画通りに実際の事業が展開していくこと自体が稀有なことでありますが、事業に着手する以上、可能な限り計画に沿って実行していけるような損益計画を作成し、投資の回収計画の目処を立てておくべきであります。

　筆者は、ここ数年、数百件の医療機器開発計画書に接する機会に恵まれましたが、まともに損益計画書が作成されているケースが少なく、その内容もあまりに楽観的というより夢を数字に置き換えたに過ぎないような代物が多かったという印象があります。

　確かに非常に難しいことではありますが、事業計画書を1枚で総括するとすれば、この損益計画書に行き着かざるを得ません。

　この意味で、事業性に言及している《事例》はほとんどありませんが、「目利き不足」という表現に遭遇しました。参入製品の技術、製造、競合力、コスト、開発経費、コンプライアンス等にも精通し、また、ニーズ、市場、販路、競合製品、プロモーション等にも精通し、結果として損益計画書に近い形で事業を遂行できる人こそ「目利き」に相応しい人だと思います。

　本書に掲げられた事例をはじめ最近著しい医療機器への参入事業者の中から、医療機器事業の優れた「目利き」が数多く生まれることを期待してやみません。

# 第2部　事例研究

事例1　知夢和工

# スズキプレシオン

**会社概要**

商　　　号：株式会社スズキプレシオン

所　在　地：栃木県鹿沼市

代表取締役会長：鈴木庸介

取締役社長：鈴木拓也

会社設立年：1971（昭和46）年

医療機器への参入時期：2005（平成17）年

資　本　金：3,000万円

従 業 員 数：65人

主 要 製 品：医療機器、半導体製造装置用部品、Ｆ１エンジン部品、産業機械用部品

技　　　術：金属精密切削加工技術

売　上　高：８億円（2011年度）

医療機器関連事業の売上高：４億8,000万円（事業全体売上高の60％）

医療機器への参入形態：医療機器製造販売業者・製造業者、部品供給（インプラント等）業者として

薬事認可取得状況：第１種製造販売業許可、医療機器製造業許可

医療機器製品・部品：①整形用インプラント部品②デンタルインプラント部品③手術用機器

海 外 展 開：なし

## (1) 医療機器への参入

### 参入のきっかけ

１９６１（昭和36）年３月、鈴木悦郎は個人経営で金属切削加工業を始める。１９７１（昭和46）年３月、有限会社鈴木精機を設立。１９９２（平成４）年３月、株式会社スズキプレシオンに組織変更する。

医療機器への参入を検討したのは２００５（平成17）年のことで、既存取引産業分野からの脱却を図るためであった。当時は、半導体製造装置産業の受注が不安定であり、また大手企業の海外展開による国内部品産業の空洞化が危惧され、安定経営を目指した産業分野を模索していた。そこで行き当たったのが医療機器分野である。この分野で、「下請け企業」から脱却し、「メーカー」を目指すことを決意する。

ちょうどそのようなとき、２００５（平成17）年、改正年薬事法が全面施行となった。この流れに乗って、医療機器に参入しようとしている他社に対して優位に立つため、まずは早期参入をしなければならないと考えた。

２００５（平成17）年、地元の宇都宮大学が主催する地元医科大とのニーズマッチング会に参加した。なお、この会に参加した地元ものづくり企業は、スズキプレシオンを含めたった3社しかなく、あまりの参加企業数の少なさに地元医科大学からひんしゅくを買ったということがあった。しかし、その後栃木県では、県全域での企業プレゼンイベントの実施、栃木メディカル協議会研究会の設置、テーマごとの共同研究などが行なわれている。

２００６（平成18）年、地元医療系大学との連携をスタートさせた。そこでJ医科大学とのニーズマッチング会・研究会、医師と医療機器製品の共同開発の実施などを行なっている。

### 技術

スズキプレシオンの保有する技術は、金属精密切削加工技術であり、自動車レースＦ１（エフワン）用のエンジンの部品や半導体製造装置用精密部品などを供給している。また、チタン合金切削加工技術も持つ。

スズキプレシオンは、１９９０（平成２）年からチタン製デンタルインプラント部品の供給を行なっており、チタン合金の切削加工技術を持っていたし、加工ノウハウの蓄積もあった。また、電子機器部品においては超精密微細加工、Ｆ１エンジンの精密加工においての品質保証体制の社内基盤があった。

このようなコア技術を活かした医療機器（インプラント、手術用デバイス）の部品の生産及び製品開発を決定したのであった。

### 参入に向けての社内体制の取り組み

医療機器分野の担当を新たに任命して当たらせた。この担当は、参入初期には医療機器経験のない営業職に任せていた（営業と兼任）。医療機器関係の参入セミナーや展示会などのイベントに経営者と医療機器担当が一緒に参加し、医療機器分野の情報収集、知識習得を図った。また、展示会出展を通じて積極的に医療機器メーカーと関わることにより情報を取得した。

医療機器製造業許可取得、同時に国際標準化機構（ＩＳＯ）の定める国際規格ＩＳＯ１３４８５（医療機器の品質マネジメントシステムに関する規格）取得に向けたプロジェクトを立ち上げ、１年半後に取得することができた。ＩＳＯ１３４８５取得プロジェクトスタート時は、コンサルタントに医療機器の経験がなく、１年間ほとんど進捗がなかった。そこで、こうなったら社員だけで対応しようと、その後の申請書作成や体制構築等は社員で行なった。

また、社外から設計担当顧問を雇い入れ、その後専門職を雇用、社内人材を含め６人体制の設計開発部を構築した。社外から採用した設計担当顧問は、以前から交流のあった気心の知れた方である。上場企業の元開発担当取締役の設計開発経験者で、相当の能力ある人材だ。最初は社員と意見の食い違いなどがあったが、しばらくすると非常に良好な関係が構築され、現在に至る。

会社全体として医療機器産業に取り組むのだという

決意表明と、その決意表明に対して全社員の意思統一が図られたことが成功の要因だと思う。

## 参入時の課題

ともかくわからないことばかりの分野で、あらゆる場面で進行がストップし、多くの時間ロスが出た。具体的に列挙すると以下のとおりである。

①薬事届出に関する申請書類の作成、添付文書作成、その他QMS体制に関する知識不足〔QMS：平成16年厚生労働省令第169号「医療機器及び体外診断用医薬品の製造管理及び品質管理の基準に関する省令」で定める基準。省令では「品質管理監督システム」といっている。〕
②クラス分類の特定が知識不足で難解
③開発試作品製作の資金調達
④開発テーマの市場性、ビジネス可能性の判断
⑤知財に関する知識不足、特許侵害、申請、共同特許、大学知財担当との交渉等、相当のパワーが必要

## 課題に対する解決策

大手医療機器メーカーの元社員を顧問として採用し、社員教育も含め、医療機器全般に関するアドバイス及び実務を担当してもらった。また、担当顧問と協議し、医療機器センター等へ相談（「伴走コンサル」を利用しつつ）など行なった。伴走コンサルは、経済産業省の「課題解決型医療機器等開発事業」の支援で来ていただいた、医療機器センターの人。

社内で、コストを圧縮した試作品を製造してみる。競争的資金（課題解決助成制度、各地域での開発助成金等）を活用した。初期にはともかく試作品を作製し、複数の医師に評価を依頼した。

現在、試作品から完成品まで基本的には社内生産としているが、相当数の改良を重ねての完成品作製は、思った以上に費用がかかった。試作から完成まで、概略で数百万円はかかっただろう。

医療機器メーカーOB、各都道府県の知財支援セン

ターの方などからアドバイスをいただきながら、社員に知財の教育を施し体制づくりを続ける。その結果、自社独自での特許申請が可能となった。現在自社申請件数4件である。

## (2) 薬事規制等への対応

### 承認等の品目

①製品名：メタルデバイスフィクサー
一般的名称：再使用可能な手術機器固定圧子（クラスⅠ）

②製品名：単孔ポート挿入用ダイレーター
一般的名称：鈎（クラスⅠ）

③製品名：リユーザブル単孔ポート（カニューラ）
一般的名称：トロカールスリーブ（クラスⅠ）

現在ある製品はすべてクラスⅠの届出品目である。まずは低いクラスからの参入をしようということで、届出をする。ともかく一度ハードルを越えてみることにより、全体のプロセスを経験することが重要だと考えた。

### 製造販売業

第1種医療機器製造販売業許可を取得した。取得に要した期間は3年、かかった費用は約1000万円。

業許可取得に際しては、東京都のホームページが非常に参考になった。同ホームページにあるマニュアル例を参考に、少数の専門チームでまずマニュアル作りを行なった。その後で大手医療機器メーカーのOB人材を非常勤雇用しマニュアルチェックや教育を実施した。このときすでに製造業として3年間の実施期間があったため人的要因はクリアできた。

東京都のホームページを参考にしてマニュアル作りはできたが、規格要求の本質を理解できなかった。また元来受託型企業であったため、設計・開発部門がなく、開発資料の作成ノウハウや市販後管理などの知識もなかった。こうした問題に対しても、大手医療機器メーカーのOB人材を非常勤雇用し、教育や定期レ

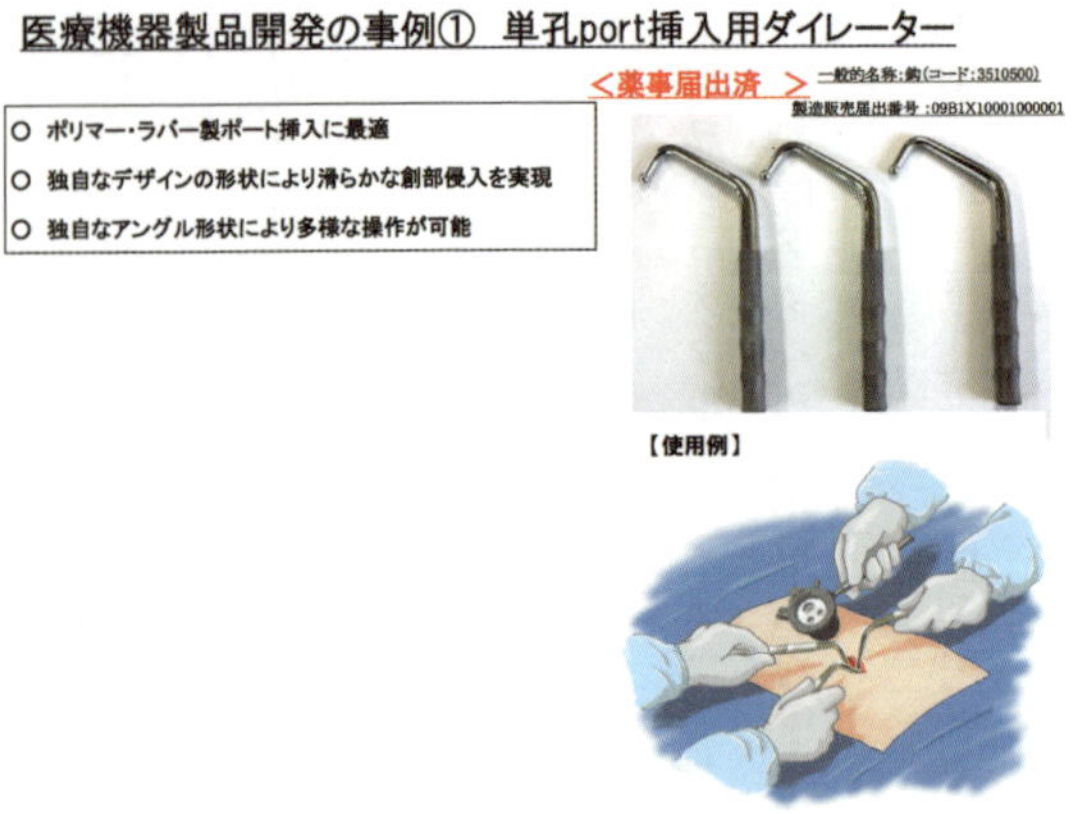
医療機器製品開発の事例①　単孔port挿入用ダイレーター
＜薬事届出済　＞
一般的名称：鈎（コード：3510500）
製造販売届出番号：09B1X10001000001
○　ポリマー・ラバー製ポート挿入に最適
○　独自なデザインの形状により滑らかな創部侵入を実現
○　独自なアングル形状により多様な操作が可能
【使用例】

図1　医療機器「鈎」

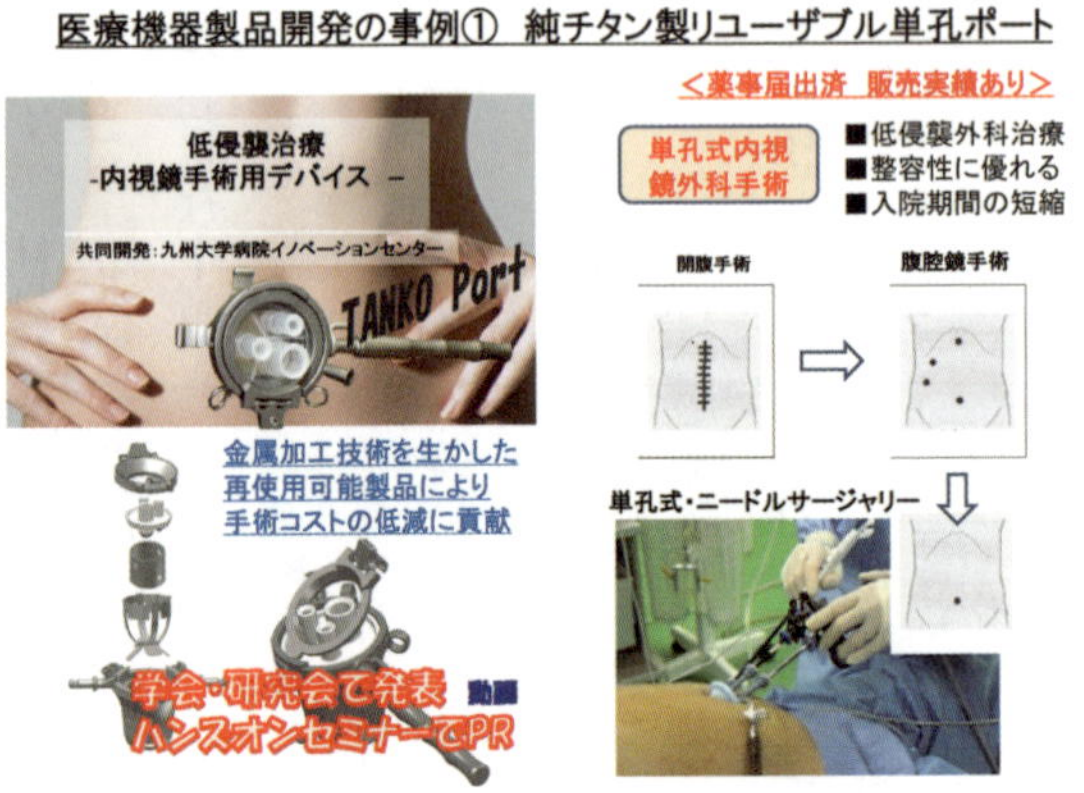
医療機器製品開発の事例①　純チタン製リユーザブル単孔ポート
＜薬事届出済　販売実績あり＞
低侵襲治療
-内視鏡手術用デバイス　-
共同開発：九州大学病院イノベーションセンター
TANKO Port
金属加工技術を生かした
再使用可能製品により
手術コストの低減に貢献
学会・研究会で発表
ハンズオンセミナーでPR
動画
単孔式内視
鏡外科手術
■低侵襲外科治療
■整容性に優れる
■入院期間の短縮
開腹手術
腹腔鏡手術
単孔式・ニードルサージャリー

図2　医療機器
「トロカールス
リーブ」

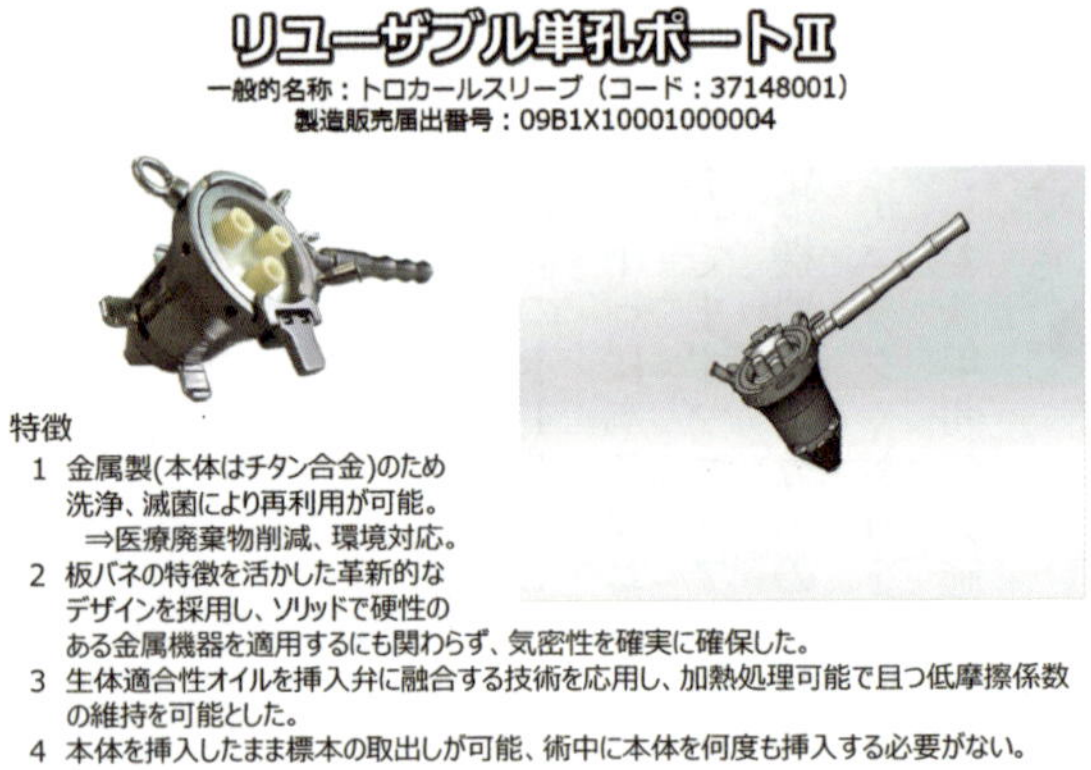
リユーザブル単孔ポートⅡ
一般的名称：トロカールスリーブ（コード：37148001）
製造販売届出番号：09B1X10001000004
特徴
1　金属製(本体はチタン合金)のため
洗浄、滅菌により再利用が可能。
⇒医療廃棄物削減、環境対応。
2　板バネの特徴を活かした革新的な
デザインを採用し、ソリッドで硬性の
ある金属機器を適用するにも関わらず、気密性を確実に確保した。
3　生体適合性オイルを挿入弁に融合する技術を応用し、加熱処理可能で且つ低摩擦係数
の維持を可能とした。
4　本体を挿入したまま標本の取出しが可能、術中に本体を何度も挿入する必要がない。

図3　医療機器
「トロカールス
リーブ」

ビューを実施するなどして対応した。

## 製造業

医療機器製造業許可を取得（クラスⅢ、ＱＭＳ適合）。取得に要した期間は1年。かかった費用は約５００万円。

業許可取得に際しての社内体制の構築は、外部コンサルタント（品質マネジメントシステムに関する規格ＩＳＯ９００1をメインとする）と社内専門チームによって構築した。

当時を振り返ると、問題点としては、責任技術者の要件を満たす人員が1人しかおらず、かつ若手社員であったこと、また、ＩＳＯ１３４８５をコンサルできる企業（人）と知り合うまで時間がかかったことなどである。

これに対して、社員間の補完により対応し、後で適任者が入社したため変更を行なった。また、複数のコンサルに個別相談し社内の専門チームで構築した。のちに大手医療機器メーカーのＯＢ人材を非常勤雇用しマニュアルのチェックや教育を実施した。

## 医工連携

製品開発に当たり、宇都宮大学・栃木県にマッチング支援を受け、自治医科大学研究科及び担当医師の協力を得ながら研究会や共同研究を実施した。そのほか次のような医工連携を実施。

・信州大学工学部＝新規開発技術を共同研究
・東京電機大学精密機械科＝加工技術アドバイス
・宇都宮大学工学部＝マッチングきっかけづくり

## 販売

先進機器新規開発品のために共同研究をしている相手方で、九州地区を担当しているディーフーと契約締結。

まずは開発ドクターのいる近郊地で販売開始。今後については首都圏大手商社との連携も進めている。

製品の初回届出時に販売契約を締結し、その後改良品から販売を開始した。販路の開拓は、まず共同開発ドクターの紹介によって行なっていった。また、学会等に企業出展し、ディーラーとの出会いを積極的に進めた。

## (3) PL・保険収載・海外展開等

### PL(製造物責任)

最大3億円のPL保険契約を結ぶ。今のところ問題は生じていない。

### 保険収載

なし。

### 海外展開

なし。予定もなし。

## 事例2　最適創造カンパニー

# ナカシマメディカル

**会社概要**

商　　　号：ナカシマメディカル株式会社
所　在　地：岡山県岡山市
代表取締役社長：中島義雄
会社設立年：2008（平成20）年
医療機器への参入時期：1985（昭和60）年頃（ナカシマプロペラ時）
資　本　金：１億円
従 業 員 数：175人
主 要 製 品：人工関節、骨接合材料等の医療機器
技　　　術：曲面加工技術、研磨作業技術
医療機器関連事業の売上高：27億円（事業全体売上高の100%。2011年度）
医療機器への参入形態：医療機器製造販売業者として
薬事認可取得状況：第１種医療機器製造販売業許可、医療機器製造業許可
医療機器製品：人工関節、骨接合材料等
海 外 展 開：東南アジアを中心に展開

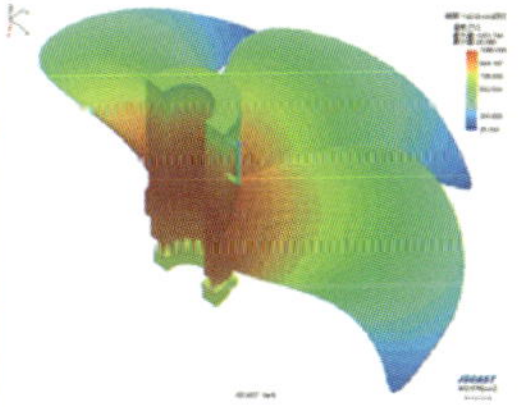

## (1) 医療機器への参入

### 参入のきっかけ・技術

ナカシマメディカルを含むナカシマグループの中核は、1926（大正15）年創業の船舶用プロペラ（スクリュー）メーカーのナカシマプロペラ株式会社である。モーターボート用の手のひらサイズから、大型タンカー向けの直径10メートル級まで、あらゆる種類のプロペラを製作できるのは世界でもナカシマプロペラだけと言われている。ナカシマのプロペラはそのほとんどがオーダーメイド。このオーダーメイドを実現するのが、デジタル技術と職人技を活かした曲面加工技術である。

医療機器への参入のきっかけは、ナカシマプロペラが開発していたチタン製のプロペラを、異業種交流会の工場見学で見た医師から、チタン合金でプロペラを製造できるなら、チタン合金で人工関節を作ることもできるのではないか、難加工性ではあるが生体親和性の高いチタン合金と曲面加工の技術を人工関節に活かしてはどうか、とアドバイスをいただいたこと。

このアドバイスがきっかけとなり、ナカシマプロペラは、人工関節をはじめとする医療機器分野への挑戦をスタートさせた。プロペラと人工関節の製造工程は、「鋳造」→「機械加工」→「仕上げ」→「研磨」とよく似ている。そこで、プロペラ製造で培われた複雑な3次元曲面加工や、職人技を要する鏡面研磨の技術を、人工関節という新たなフィールドで応用することにしたのである。

人工関節はその実績からみて基本的なデザインはほぼ確立した感があるが、人工関節の摩耗、腐食疲労、人工関節と骨界面の緩み、沈み込み等解決すべき問題は依然として残されている。問題解決のためには、材料工学的、材料力学的、運動力学的にさらに最適な設計法を確立しなければならない。

関節形成術には種々のものがあるが、人工関節では関節面の形状や非関節面の形状などが問題となる。特に関節の形状は関節の運動性と支持性に影響するため重要である。運動の自由度、可動域、運動軸は、正常の骨格や筋腱の作用方向を変更しないよう、出来るだけ生理的に近いものが良いが、これはまた支持性との関連において考慮されなければならない。

　そもそも人工関節置換術を要する症例では正常な運動域を満たすことは不要であり、ある程度の制限はやむをえないであろう。しかしながら自由度をあまりにも制限する構造だと、たとえば膝や肘を蝶番関節で置換した場合、回旋、内・外転などの生理的な運動が抑制されて、人工関節要素の界面に無理な応力がかかることになり、緩みなどの力学的問題が生じることがある。これらの諸問題を解決するために、これまでナカシマプロペラが開発してきた、設計技術、材料技術、加工技術を総動員することとなった。

　１９８７（昭和62）年、医療用具製造業許可を受け、チタン合金製の人工関節を開発。１９９４（平成６）年、メディカル事業部発足。２００８（平成20）年、メディカル事業部を分社化してナカシマメディカルを設立。

### 参入に向けての社内体制の取り組み

社内に関係部署からなる検討チームを編成した。

#### 参入時の課題

①薬事の知識がなかった。
②滅菌に関する知識不足。

#### 課題に対する解決策

①書物の検索、県、厚労省への訪問。
②滅菌業者、大学手術部の訪問。

## (2)　薬事規制等への対応

#### 概要

『医療機器製造申請の手引』などの書籍、岡山県や厚労省への相談などから情報収集し対応した。

#### 承認品目

人工関節（肩、肘、指、股、膝、足）など（現在）

図１　人工関節製品

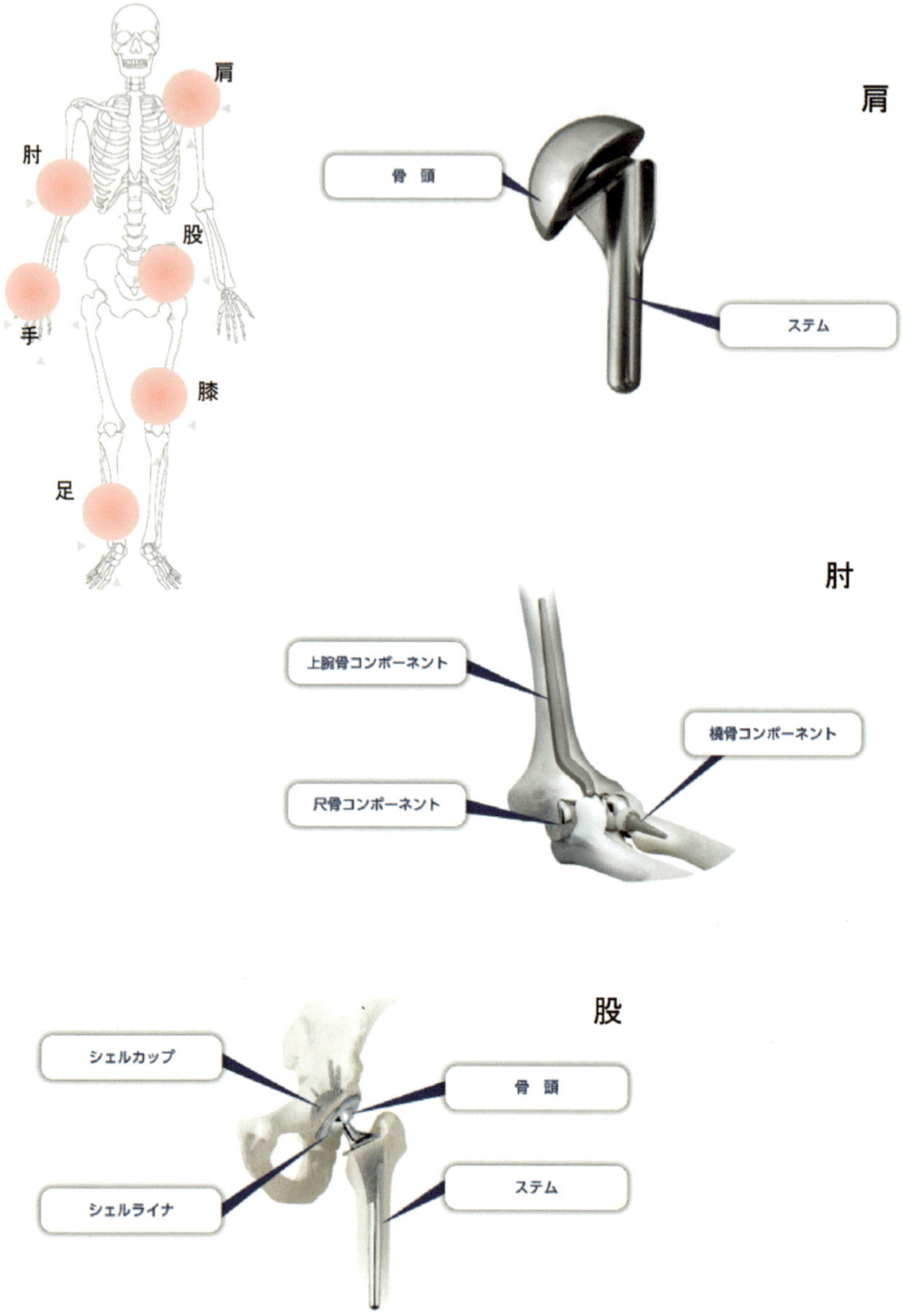
肩
肘
股
手
膝
足
肩
骨 頭
ステム
肘
上腕骨コンポーネント
橈骨コンポーネント
尺骨コンポーネント
股
シェルカップ
骨 頭
シェルライナ
ステム

## 手

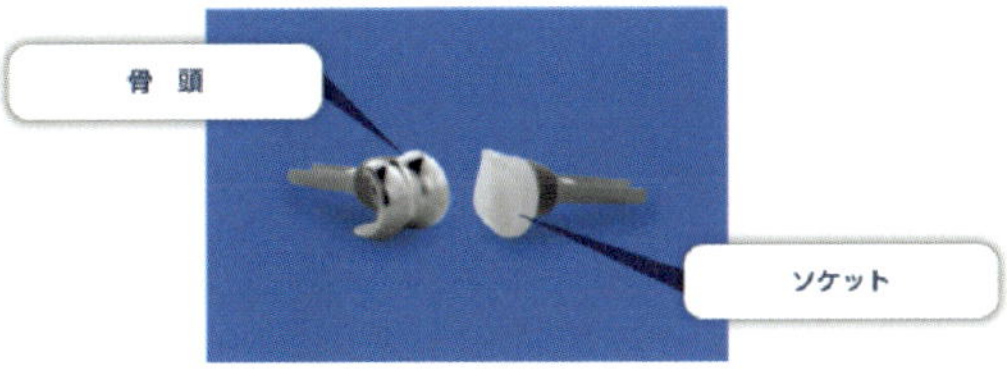
骨 頭
ソケット

## 膝

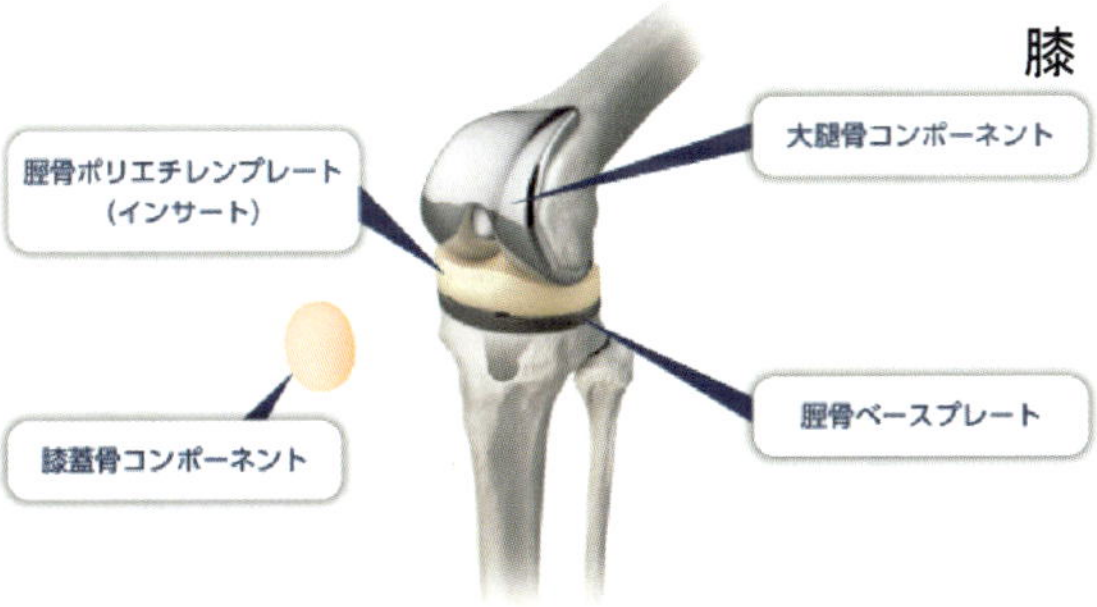
脛骨ポリエチレンプレート
(インサート)
大腿骨コンポーネント
膝蓋骨コンポーネント
脛骨ベースプレート

## 足

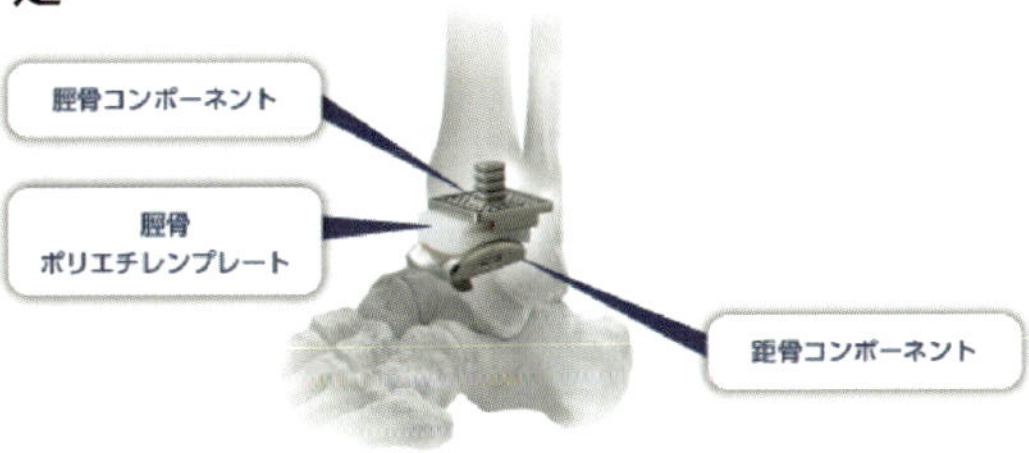
脛骨コンポーネント
脛骨
ポリエチレンプレート
距骨コンポーネント

図2　骨接合材料製品

上腕骨近位部骨折用髄内釘

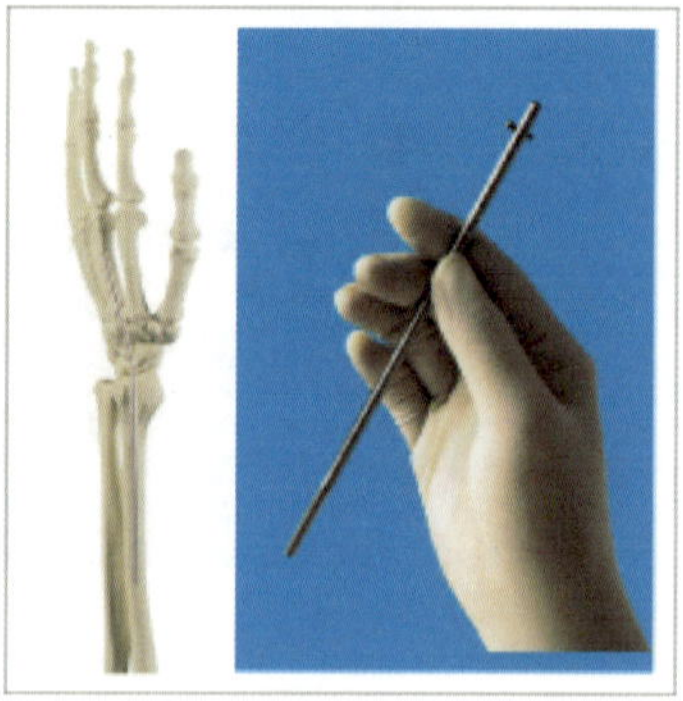
手関節固定用髄内釘

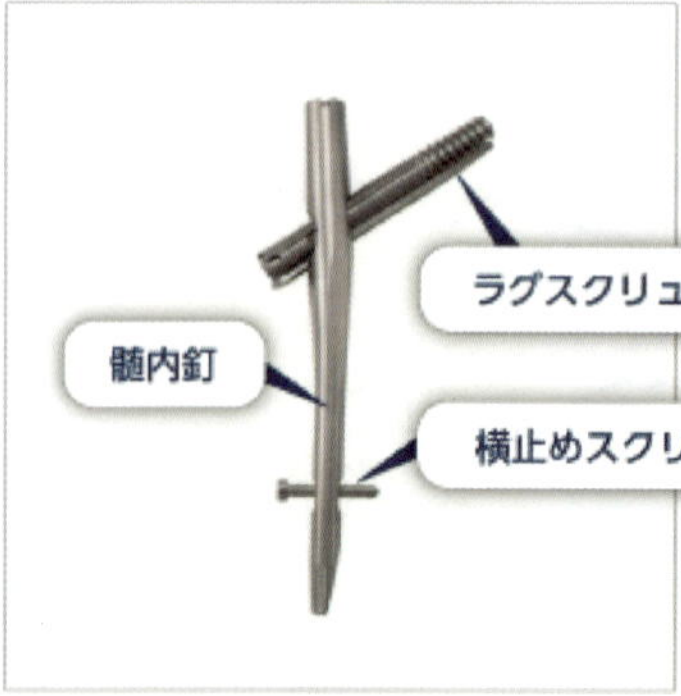

大腿骨近位部骨折用髄内釘

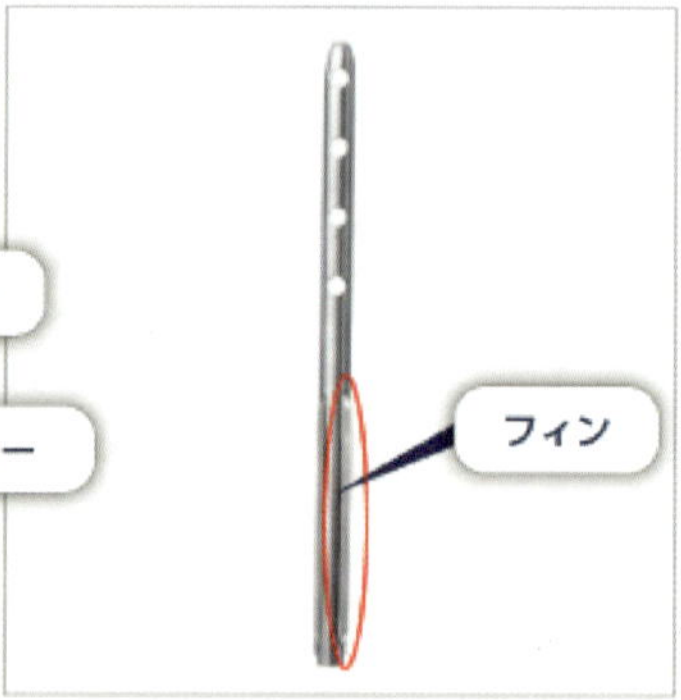

足関節固定用髄内釘

参入時の医療機器：ＤＯＨ人工肘関節（１９８７（昭和62）年承認取得。クラスⅢ）。〔ＤＯＨ：Dogo Onsen Hospitalを略したもの。道後温泉病院式を意味する。〕

承認に要した期間は約半年。かかった費用は約５００万円。

業許可取得のためのチームと同チームで対応。開発ドクターからの指導を受けた。

承認等申請時の必要データを予め把握・検討し、開発と同時並行的に申請書類の作成を進めた。未滅菌製品のため、承認時には大きな問題はなかった。

## 製造販売業・製造業

１９８７（昭和62）年、医療用具

製造業許可を取得。

業許可取得に要した期間は約半年、かかった費用は約100万円。製造承認作業と同チームで平行に行なった。書籍から情報を得た。岡山県の指導を受けた。

業許可取得に際しての課題は、設備、建屋の規則が不明であったこと。書籍からの情報や岡山県への相談により何とか対応。

2005（平成17）年、第1種医療機器製造販売業許可、医療機器製造業許可へ移行。約半年、約100万円かかる。

### 医工連携

医工連携の研究会を現在まで2か月に1回継続的に開催している（参加費無料）。

1995（平成7）年より「人工関節の機能高度化研究会」を開催。日本人に適した人工関節の開発をするための産学官が参加する研究会である。山口大学工学部、京都大学工学部、千葉大学医学部、東邦大学医学部、岡山県工業技術センター等参加。

1997（平成9）年より「知能化医療システム研究会」をスタート。遠隔医療、手術ロボット等をテーマに、産官学が取り組む。東京大学工学部、岡山大学医学部、千葉大学医学部、コアテック（株）等参加。

### 販売

医師に営業活動を行ない、使用いただける医師（病院）に販売代理店経由で納品している。

開発前又は途中で、開発ドクターが使用している販売代理店にも開発メンバーに加わってもらうような形で協力していただく。基本的には、地区の販売代理店と協力して、医師（病院）への営業活動を行なう。

図3　研究会の様子

当初は販路先についての知識も情報も全くなかった。開発ドクターからの紹介で、ディーラーの情報を基に製品紹介で営業活動を行なった。

## (3) PL・保険収載・海外展開等

### PL（製造物責任）

PL保険に加入。

人工関節のプラスチックコンポーネントとして分子量数百万の超高分子量ポリエチレンが用いられる。医療用高分子材料ということで国内からの供給に問題が生じたが、海外企業から仕入れた。

### 保険収載

原則、材料費として保険収載されている。

### 海外展開

東南アジア中心に展開中。
香港：人工指関節、人工肘関節、代理店経由で販売
マカオ：人工足関節、代理店経由で販売
シンガポール：人工指関節、代理店経由で販売
海外へ展開中の国内医療機器メーカーの協力を得た。また、国内開発ドクターからの紹介で、現地ドクターからのアドバイスを受けた。
海外展開の問題は、円高（価格）、信用出来る海外代理店を見つけるのが困難なこと。これへの対応は、使用いただけるドクターからの情報、会社訪問・実績調査など。

事例3　ものづくりの誇り

# 金子製作所

**会社概要**

商　　　号：株式会社金子製作所（かねこせいさくしょ）
所　在　地：埼玉県さいたま市
代表取締役社長：金子晴房
会社設立年：1956（昭和31）年３月27日
医療機器への参入時期：1975（昭和50）年頃
資　本　金：1,687万5,000円
従業員数：85人
主要事業：医療用内視鏡部品製造、航空機部品製造
得意技術：微細切削加工技術
売　上　高：８億6,500万円（2011年度）
医療機器関連事業の売上高：５億298万円（事業全体売上高の58％）
医療機器への参入形態：金属や樹脂の医療用内視鏡部品（切削部品）の製造・供給業者として
供　給　先：医療機器の製造販売をしている光学機器メーカー
加工材料：アルミニウム、ステンレス
薬事認可取得状況：医療機器製造業許可取得
海外展開：ドイツ、中国、韓国、米国の医療機器メーカーと取引

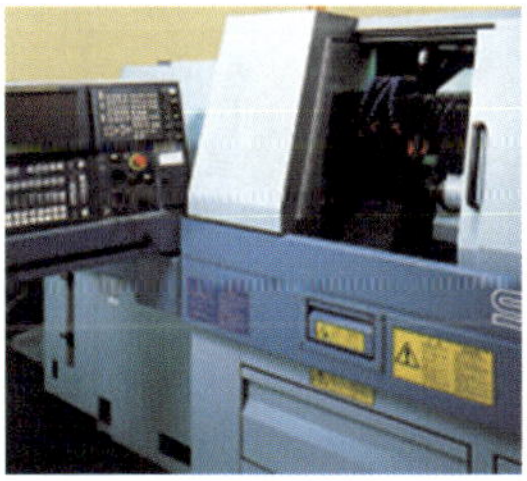

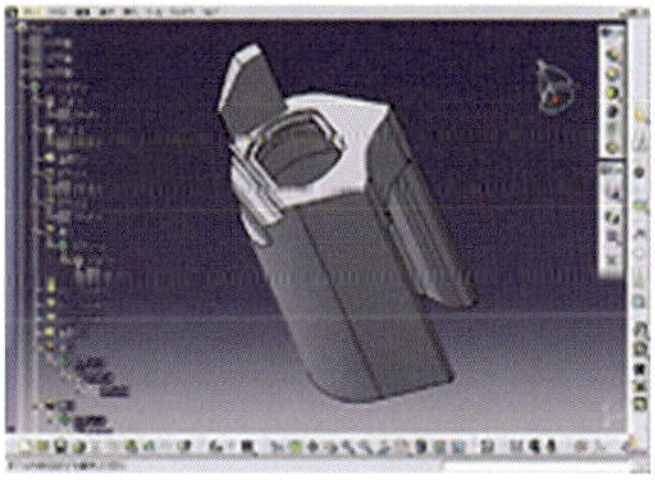

## (1) 医療機器への参入

### 技術

金子製作所は、1956（昭和31）年の創業以来コンシューマー向けカメラの小物部品の切削加工を行なってきた会社である。

この小物部品の（微細）切削加工は、例えば次のような技術である。

○外径1ミリメートル四方以下の金属部品に直径0・05から0・2ミリメートルの穴をドリルであける。
○10ミリメートル四方の金属の塊に、10か所以上の穴を様々な角度から空け、数十か所の1ミリメートル以下の段差を作る。
○マシニングセンターという工具自動交換機能付きのフライス盤で切削加工する。

### 参入のきっかけ

1975（昭和50）年に主力顧客であるメーカー（光学事業部門）が医療機器分野（軟性内視鏡）に参入した。しかし、参入を決めたというものの、このメーカーは内視鏡先端部の微細加工技術を自前で持っていなかった。そこで、その微細加工をしてくれないかという話が金子製作所に回ってきたのであった。このメーカーは1956（昭和31）年の創業当時から取引があるメーカーであり、金子製作所の技術力又は可能性を理解していたのであろう。当時、金子製作所もそのような技術は持っていなかったが、金子製作所は切削部品の主力サプライヤーであり、小物部品の微細加工に強みを持っており、メーカーから「金子製作所ならできる」といわれて挑戦することになった。

軟性内視鏡とは、胃用の胃カメラのように柔らかいチューブの先端にカメラとサンプリング等の処置具が付いた医療機器である。胃用の他に大腸鏡、気管支鏡、十二指腸鏡等がある。

微細加工とは、数ミリメートルの段差を3次元的に複雑に切削加工したり、１ミリメートル以下の直径の穴あけをしたりすることを、一般的にはいう。

## 課題の克服～技術面～

「金子製作所ならできる」とはいわれたものの、内視鏡先端部は複雑な形状であり、当時の金子の保有する機械ではその微細加工は不可能であった。このような微細加工を行なうには、ＮＣフライスという機械が必要であったが、当時それは珍しいものだった。１９７５（昭和50）年当時、ＮＣフライスによる約50工程に及ぶフライス加工を行なうサプライヤーはほとんどなかったのである。

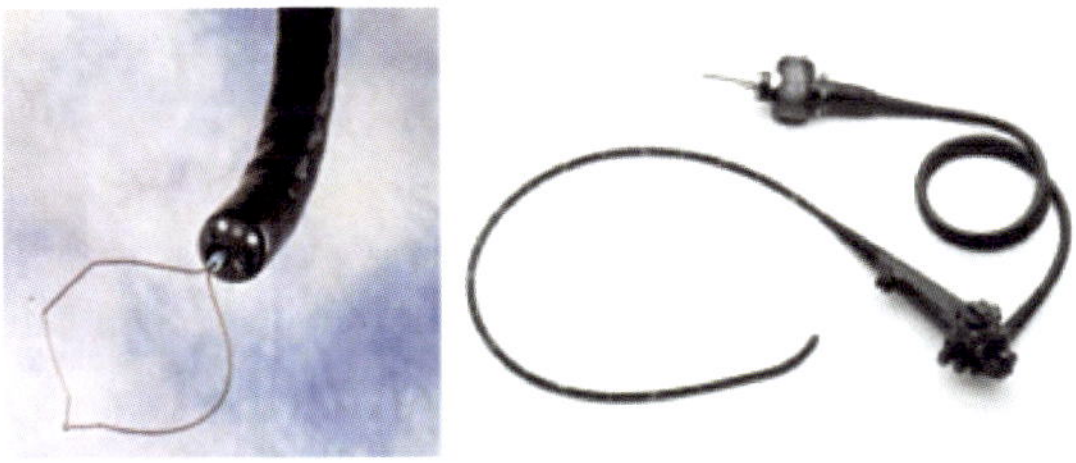

図　軟性内視鏡：消化管用
（日本医用光学機器工業会ホームページより）

そこで、金子製作所では最先端加工機ＮＣフライスを、この医療機器の部品作成のために導入することを決め、複雑加工にチャレンジすることとなった。

しかし、ここでまた問題が出てきた。最新鋭設備のＮＣフライスを導入したはいいのだが、それを使いこなすことができなかったのだ。

なお、切削加工は、被切削物が固定され、刃物が回転して削るドリル加工、フライス加工と、被切削物が回転して、刃物が固定されている旋盤加工の２つに大きく分けられる。ＮＣとは数値制御（コンピューター）のことで、コンピューターによってフライス盤（切削機械）を制御している機械をＮＣフライスと呼ぶ。

当時の専務（その後社長、現社長の兄）が、マキノからのトレーニングを受け機械の操作を学んだ。専務はトライアンドエラーを繰り返しながらも、機械の操作訓練を行ない、部品ができるまで諦めなかった。マキノとは日本を代表するＮＣフライス、マシニングセンター（工具自動交換機能付きＮＣフライス）メーカーである。ここで、機械操作のトレーニング、制御装置（コンピューター）のトレーニング、具体的には機械を稼働させるためのコンピューターのプログラミングのトレーニングを受けた。

そしてついにＮＣフライスを使った加工ができるようになった。金子製作所の強みである微細切削加工技術を生かして、最新鋭のＮＣフライスを使い内視鏡先端部品の加工を実現させたのであった。

そしてこの分野の事業に積極的に取り組み売り上げを伸ばしていった。

## (2) 薬事規制への対応

### 製造業許可について

２００６（平成18）年には医療機器製造業の許可を取得した。その後更新し、２０１６（平成28）年まで有効である。業許可は、顧客の要求があり、顧客の指導を受けて取得した。

### 医工連携

埼玉大学と共同開発で内視鏡先端部の専用加工機を開発した（経済産業省のサポートインダストリー支援事業を活用）。

### 販売

医療機器の部品製造なので販売はしていない。

## (3) ＰＬ・保険収載・海外展開等

### ＰＬ（製造物責任）

ＰＬ保険未加入。

### 海外展開

精密切削部品の海外医療機器メーカーへの参入を目指して、２０１０（平成22）年より海外医療展示会に出展。その後、毎年約3〜4回の出展。展示会出展は1回だけの出展ではなく同じ展示会に数回出展することにより、徐々に成果が出てきたと感じている。

２０１０（平成22）年、ドイツ医療機器メーカーとの取引開始（光学部品）

２０１１（平成23）年、中国医療機器メーカーとの取引開始（光学部品）
２０１２（平成24）年、韓国メーカーとの取引開始（光学部品）
２０１２（平成24）年、米国医療機器メーカーとの取引開始（光学部品）

異文化とのビジネスは問題があるといえば多々ある。想定外、予想外の問題に柔軟に対応できる姿勢が海外とのビジネスでは重要。

日本貿易振興機構（ジェトロ＝ＪＥＴＲＯ）から、海外の展示会出展とその準備に関して支援を受け、さらにアフターフォローまでしてもらった（有料のものもあれば無料のものもある）。

また、行政（国、県、市等）から地域間交流支援（Regional Industry Tie-Up：RIT）事業、個別マッチング、展示会場でのマッチング、現地医療クラスターとのマッチング及び商談会等に関して支援を受けた。

海外展開に際して直面した課題は、言葉の問題と信用の問題が大きかった。これらに対しては、外国人留学生を採用（現在1人）し、国内及び海外の営業を担当してもらっている。外国人営業なので、海外顧客に対して母国語同士でのコミュニケーションが取れるメリットがある。

なお、２０１２（平成24）年10月、精密加工技術により航空機部品や医療用部品などの国際展開を積極的に推進するとともに、ものづくり中小企業の海外展開の必要性を積極的に普及啓発したとして、関東経済産業局長から感謝状を贈られている。

## 事例４　イメージをカタチに

# 二九精密機械工業

### 会社概要

商　　　号：二九精密機械工業株式会社（ふたくせいみつきかいこうぎょう）
本社所在地：京都市南区唐橋経田町３３－３
代表取締役会長：二九宏和
代表取締役社長：二九良三
会社設立年：1953（昭和28）年１月。創業は1917（大正６）年３月
医療機器への参入時期：1980年頃
資　本　金：3,000万円
従 業 員 数：97人
主要製品・事業：精密金属機械部品製造業（精密機械部品微細切削加工、小径βチタン合金パイプの製造・販売・提案、眼鏡緩み止めネジ等の販売など）
売　上　高：20億6,200万円（2012年度）
医療機器関連事業の売上高：約10億円（メディカル関連分野約50％）
医療機器への参入形態：部材供給・加工業者として
薬事認可取得状況：なし
医療機器製品又は技術：難削材（βチタン合金）の微細加工技術：βチタンノズル・ニードル、カテーテル用部品、マイクロ鉗子、チューブキャッチャー、内径研磨等
海 外 展 開：欧米への販路開拓に向けて社内体制整備中

本社　|　二九精密機械工業株式会社

## (1) 医療機器への参入

### 会社沿革

1917（大正6）年、二九長太郎が京都の伝統産業である仏具製作で創業。時代と共に加工品の形を変えていく。かつては大手家電メーカーの大量生産部品を製造していたが、多品種少量生産（試作品開発）にシフトし、その後他社が忌避するステンレス、チタン、ハステロイなどの難削材の超精密切削微細加工に取り組み、長年にわたって切削加工技術のノウハウを蓄積。現在、半導体や分析装置、医療関係の部品を製造し、国内外問わず、各分野の著名企業と多数取引している。

また、様々なジャンルの、開発者のイメージを「カタチ」にすることに努め、新しい「カタチ」を想起するきっかけを生む「ものづくり提案企業」としても注目されている。

### 経営哲学と会社の特徴

経営哲学は、「4M＋S＝29」。二九が考える〝ものづくり〟の基本は、①Man（人）、②Material（素材）、③Machine（機械）、④Method（方法）に集約される。この4つのMに、「S」すなわち新しい技（Skill）が組み合わされた時に、初めて二九の技術が確立されると確信しているという。4M＋S＝29はこれを数式化したものである（図1）。

4M＋S＝29

図1　二九の経営哲学

二九は、1アイテム1～5個の生産が全体の40％を占めている。多品種少ロットの受注に対応しつつ、新製品や新技術に使われるコアな部品を提供しているというのが特徴。

### 参入のきっかけ

「真空採血管から血液を分析装置に分注する針状の

ノズルを、曲がりにくい材料で作れないか」――お得意先の血液分析装置メーカーからの要望が、βチタン合金小径パイプ開発の発端であった。

従来のノズルは、SUS316のパイプ材を使い、試薬（次亜塩素酸ナトリウム）に対し錆びにくいという利点はあったが、ノズル針先は注射針形状になっており、真空採血管のゴム部分に刺す時に、刃のある側と無い側とでは抵抗が異なるため、使っていると反って弓状になってしまう場合があった。しかも、反復連続使用していると、徐々に曲がり、最後には折れてしまっていた（図2）。

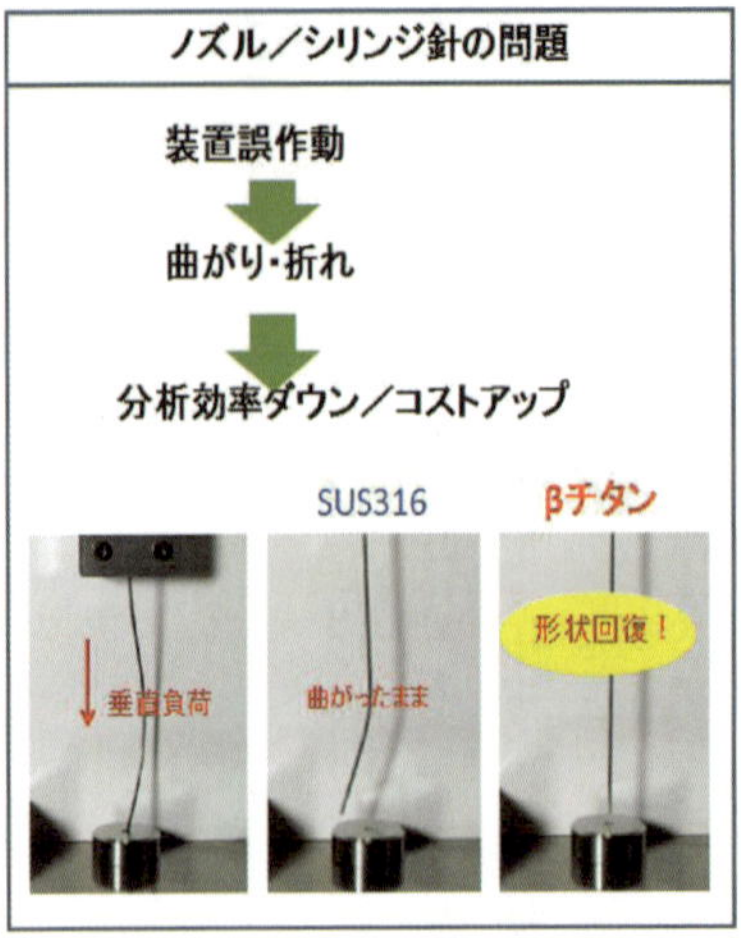

図2　ステンレス（SUS316）とβチタンの比較

二九では、硬度、耐食性、復元力があり、折れにくい材料を検討した結果、βチタン合金が最適との結論に達した。βチタン自体は、従来から取引のあった眼鏡業界で使用されていたものであるが、血液分析装置メーカーから要求されているのは、βチタンの小径パイプ化である。これは当時、存在していなかった加工品であるから、新たなる開発への取り組みが必要となった。

βチタン合金は、高引張り強度かつ低ヤング率（復元性が高い）、軽量で耐食性もある優れた特性を併せ持つが、加工が難しい。しかし二九は、独自の高精度微細加工技術により、βチタン合金の小径パイプ化に世界で初めて成功した。

また二九は、「βチタンフレキシブルパイプ」という、レーザー加工によりパイプに独自デザインのスリットを入れた、しなやかで自由に曲がる操作性を持ちチタンの強度をも兼ね備える画期的な製品も開発した。

　こうした技術が医療分野に加えて釣具用リール部品に採用され評価されたほか、スポーツ競技用品、ネックレスなどの装飾品、高圧力機器部品など、予想外の分野からの引き合いも多数あり、幅広い応用展開に取り組んでいる。

　これまでは下請加工が中心であったが、今後はメーカーとして二九ブランドの製品を提供し、海外展開も視野に入れ、販路開拓中である。

## (2) 医療・分析分野の製品と技術

### ① 医療・分析分野の製品

βチタンニードル（図3）
　針の材質はβチタン、針基材質は純チタン製。針長10㎜、13㎜。針サイズは、12G（外径2・76㎜／内径2・16㎜）、27G（外径0・41㎜／内径0・21㎜）のノズル。液体及びゲル状の薬品・化粧品他各種用途への展開が考えられる。

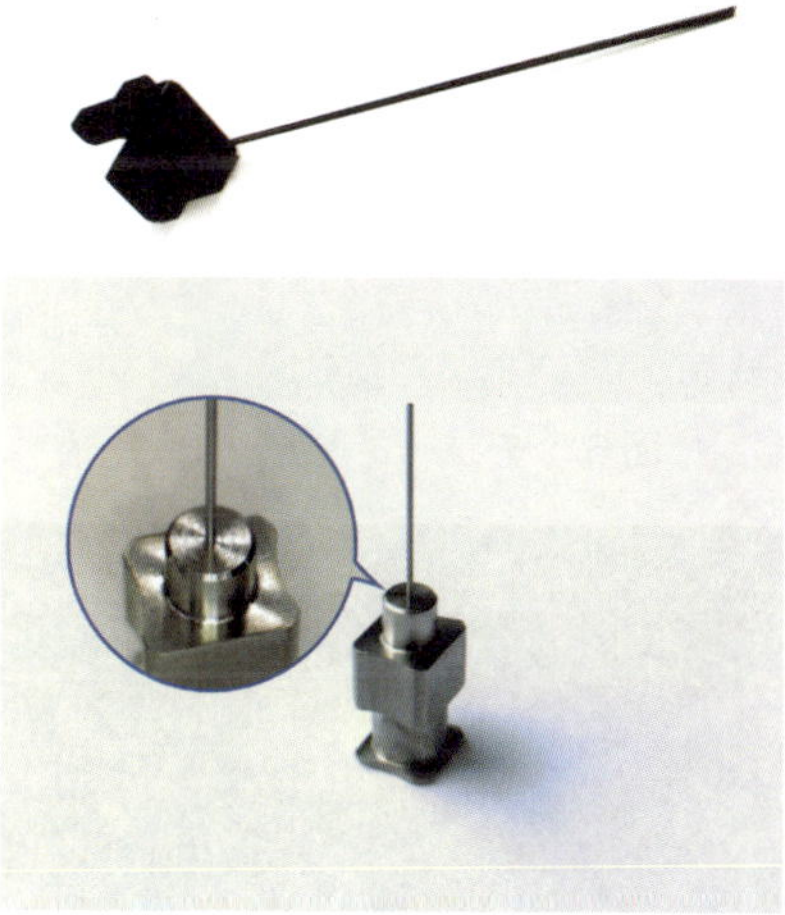
図3　βチタンニードル

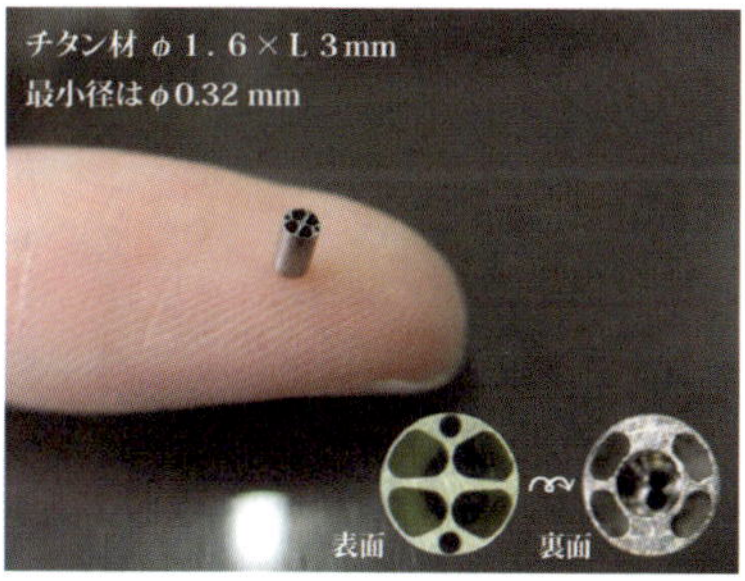

図4　チタンメディカルパーツ

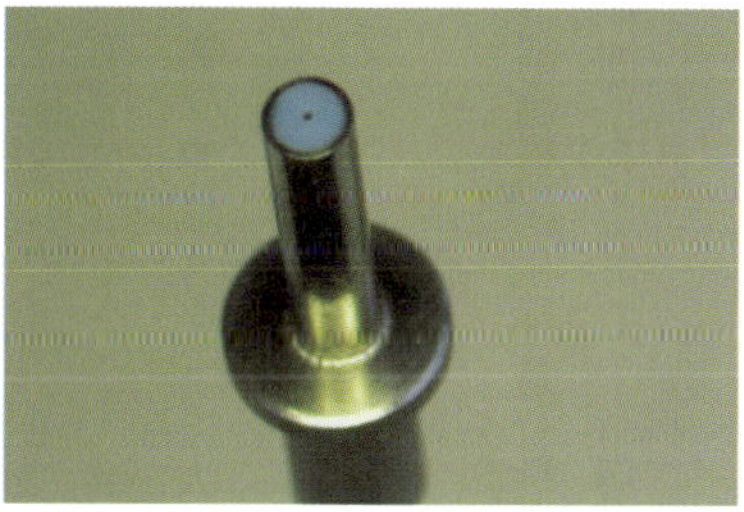
図5　異種材料ハイブリッドノズル

## チタンメディカルパーツ（図4）

カテーテル用の部品として使用できる。上図は、φ1・6×3㎜のチタン材の端面からヘリカル加工にてテーパー状に穴を切削加工している。すべて切削加工により仕上げたサンプル。

## 異種材料ハイブリッドノズル（図5）

チタン&SUS・PEEK材+SUSなど金属・樹脂の異種材料による様々な組み合わせに対応でき、それぞれの材料の優れた特長を併せ持つハイブリッドノズルの製品化を目指す。PEEK材+SUSのハイブリッドパイプノズルは、PEEK材の耐薬特性と金属の強さを併せ持つノズルの開発。樹脂に影響を与えないレーザー溶接技術によりこのハイブリッドパイプノズルの製作が可能だが、樹脂と金属の密着度をより高めることが難度の高い技術である。

## チューブキャッチャー（図6）

チューブのキャッチ・リリースがワンアクションで簡単。非磁性・耐食性・強度かつバネ性を有すβチタン合金製。熱伝導率が低く、液体窒素中（マイナス150℃）でも持ち手部が冷えない。JAXA ES細胞宇宙空間成長実験プロジェクト（大阪市立大学医学部大学院遺伝子制御学 森田教授）において実用実験済。

## チタン合金製マイクロ鉗子（図7）

自社の切削加工技術を使って、耐食性・生体適合性に優れたチタンを削り出し、一体加工した医療手術用

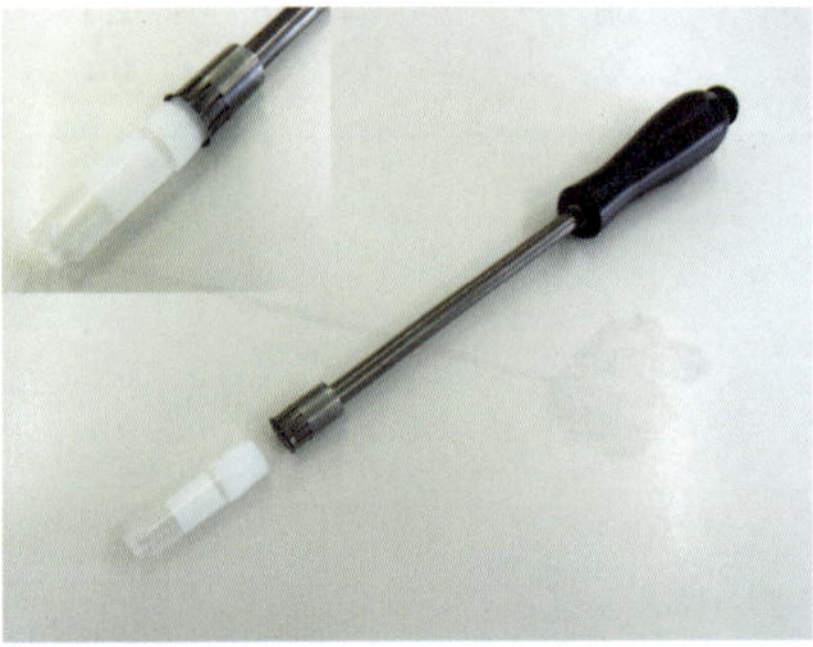

図6　チューブキャッチャー

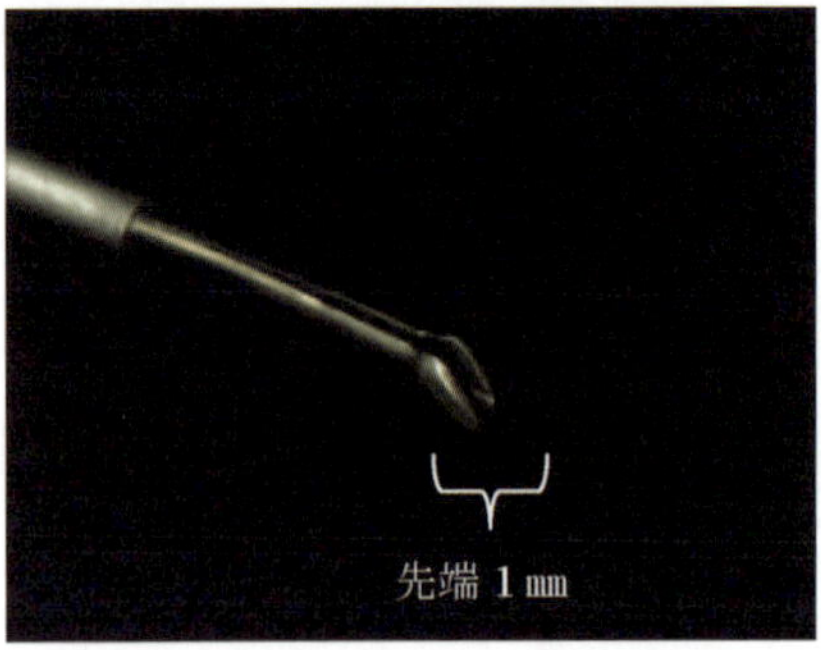


図7　チタン合金製マイクロ鉗子

の小型鉗子を開発している。手術部位に応じての医療現場の要望に応えるために、さらなる極細・高精度な鉗子を開発している。

## ② 二九のオンリーワン技術

### 小径パイプ化技術

一般にβチタンは摩擦に弱く、焼きつきやかじりなどが発生しやすいため、加工が困難であることが通説となっていた。しかし、二九独自の技術開発により最小外径φ0・35、最小内径φ0・2の小径βチタンパイプの開発に世界で初めて成功した（図8）。

### レーザー微細加工技術

どの方向でも曲がり、かつ真っ直ぐな形状を維持できるようレーザー加工を施したもの。βチタンの特性である復元力とレーザー加工を組み合わせることで曲げても元通りの形状が維持可能となる（図9）。内視鏡、カテーテルなどの分野から着目されている。

### 小径パイプのレーザー溶接技術

研磨技術と並んで二九の誇る技術が、微細加工品におけるレーザー溶接技術である（図10）。小径パイプのレーザー溶接には直線、回転の動きに対し、精度及び出力のコントロールが必要になる。さらにチタン合金の溶接にはSUS材料に比べ、独自のノウハウの構築など難易度の高い部分も多い。二九では試作的に溶

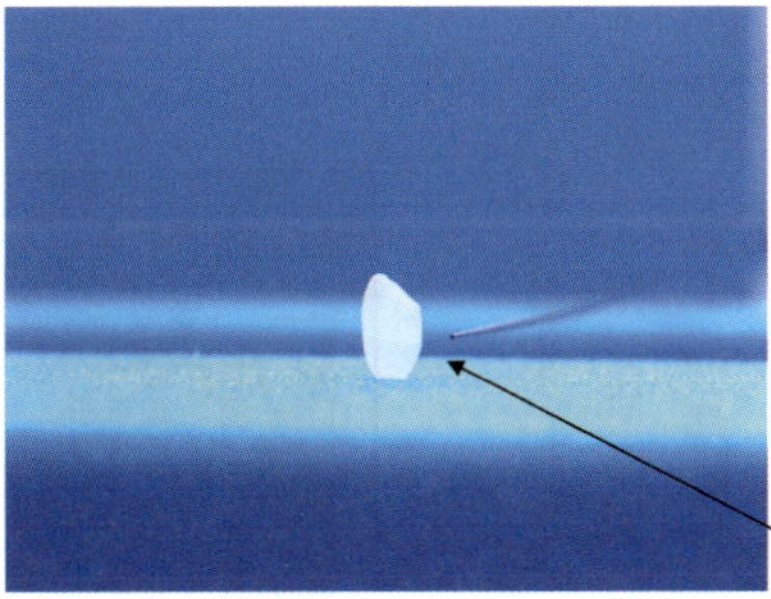


図8
ベータチタンパイプと米粒の比較

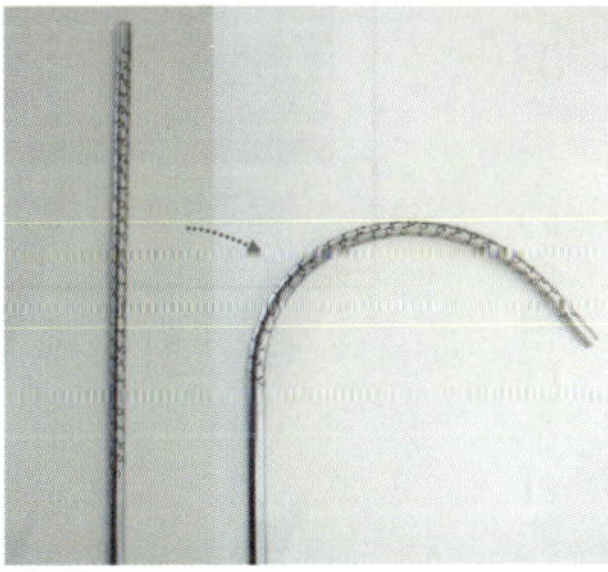

図9
βチタンスパイラルパイプ

接機の発信機以外を自社で設計・製作し、より精度の高い溶接技術の提供のために尽力している。

## 内径研磨・金メッキ処理技術

パイプ製作時、素管からの伸管により内径にシワが発生し面粗度が低下するが、二九独自の内径研磨技術によりRa（算術平均粗さ）0・02までの面粗度を可能とした。また、研磨加工が難しいといわれる減管パイプのテーパー部も研磨が可能となった（図11）。

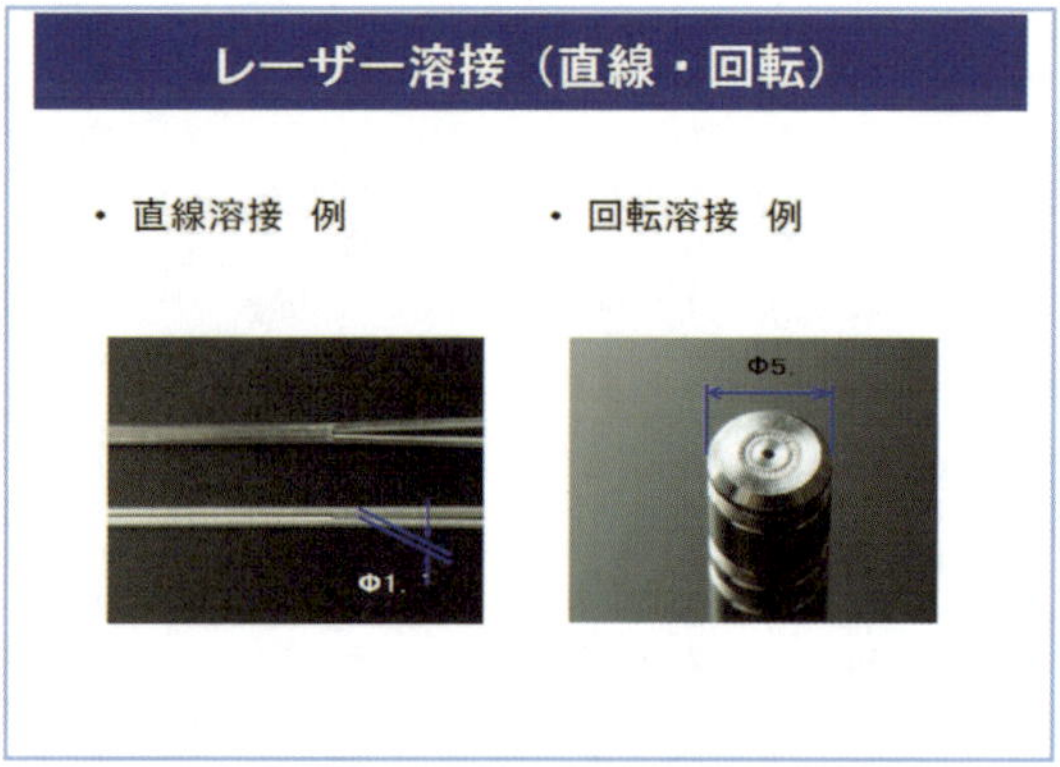


図10　レーザー溶接の例

## チタン合金のトータルソリューションメーカー

表1は、各種チタン合金の特性と小径パイプ化加工の比較表である（二九精密機械工業株式会社調べ）。

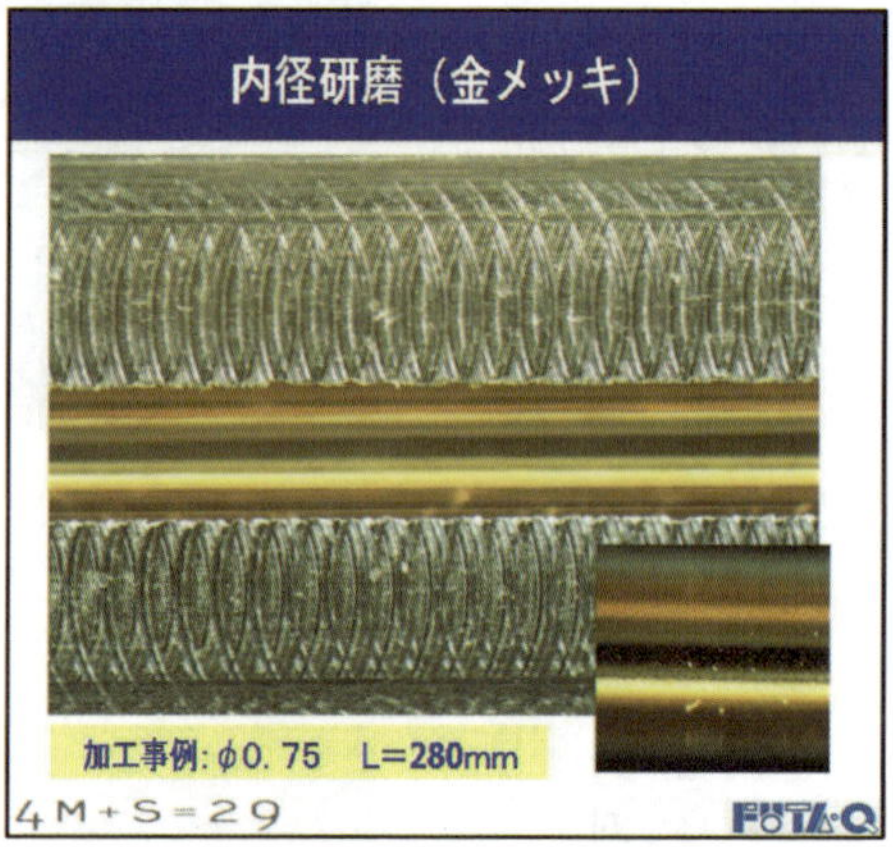


図11　内径研磨の加工事例

表１　各種チタン合金の特性と小径パイプ化加工の他社との比較

| 区分 | 特性（○：強い△：普通×：弱い） | | | | | 小径パイプ化 | |
|---|---|---|---|---|---|---|---|
| | 耐食性（注１） | 弾性 | 非磁性 | 溶接 | 軽量 | 二九 | 他社 |
| βチタン | ○ | ○ | ○ | ○ | ○ | ○ | × |
| 64チタン | ○ | × | ○ | ○ | ○ | △ | × |
| Niチタン | × | ○ | ○ | × | ○ | ○ | ○（内径研磨×） |
| 純チタン | ○ | × | ○ | ○ | ○ | ○ | ○ |
| （参考）ステンレス | ○ | × | × | ○ | × | ○ | ○ |

（注１）　血液分析器洗浄用次亜塩素酸ナトリウムに対しての特性

表２　現時点で二九が保有する技術の状況

| 区分 | 二九独自のオンリーワン技術 | | | | 用途 |
|---|---|---|---|---|---|
| | 小径化 | レーザーカット | 溶接 | 内径研磨 | |
| βチタン | ○ | ○ | ○ | ○ | 鉗子、内視鏡、ニードル、ノズル等の医療・分析関連機器、釣具、プラント、環境、航空宇宙分野等 |
| 64チタン | △ | ○ | ○ | ○ | インプラント、人工関節等 |
| Niチタン | ○ | ○ | × | ○ | カテーテル等 |
| 純チタン | ○ | ○ | ○ | ○ | 分析機器、配管・サニタリー配管等 |
| （参考）ステンレス | ○ | ○ | ○ | ○ | チタン合金小径パイプができるまで各用途で使用 |

二九では、血液分析装置など分析機器分野と共に広い意味での医療分野市場での貢献を目指し、より複雑な形状加工を可能にすべく高度技術の開発を推し進めている。さらに、溶接技術・研磨技術・レーザー加工技術など、多様な技術の組み合わせからなる複合加工要素を取り込んだ製品の提供も考えている。そのため部品提供だけでなく、最終製品に近い部品供給が可能となる加工技術を順次導入し、開発を継続している。加えて、光学・化学など多岐にわたる分野の技術を導入し、付加価値をつけたワンランク上の機械加工技術の開発を進めている。

## (3) 市場分析、海外展開

### 医療機器市場を分析する

βチタン合金は、医用検体検査機器、カテーテル、航空宇宙関連機器、ゴルフ用品、釣り具用品、眼鏡フレーム、自転車用品などに使用されると考えられ、その潜在需要は２０１２（平成24）年度の１６８８億円が、２０１５（平成27）年度には１８３４億円までに拡大すると考えられている（調査会社資料より）。

厚生労働省の平成22年薬事工業生産動態統計調査（平成24年度発表データ）によると、２０１０（平成22）年実績値として、小径パイプが使用されているカテーテルなど処置用機器の生産金額は４２７７億４９００万円（医療機器生産金額の25・0％、前年比29・9％増）、血液分析装置などの医用検体検査機器及び治療用又は手術用機器の生産金額は１４５４億４００万円（医療機器生産金額の8・4％、前年比０・6％増）となっており、処置用機器と医用検体検査機器を合わせて５７３１億５３００万円、医療機器全体の生産金額１兆７１３４億３９００万円の33・5％を占めている。

また、ニッケルチタン合金（形状記憶合金）は広い範囲で応用展開されており、64チタン合金は、世界最大規模の標準化団体である米国試験材料協会（ASTM International）のＡＳＴＭ規格に規定されている医療用のチタン材料でもある。このような素材の小径パイプ化が可能となれば、上述の医療用処置用機器のさらなる分野への進出が可能となる。

現在、医用検体検査機器の血球計測装置の部材として使用されるβチタン小径パイプは他社には存在しないものであり、医療機器分野でステンレスに代わる部材として、市場開拓を進めていく。また、現在βチタン合金のノズル・ピアスニードルの市場占有率は100%である。

現有のニッチナンバーワン加工技術の強化を進めることにより、予想される競合の出現の可能性は極めて低い。しかし将来的には、日本・欧米で一部加工技術のキャッチアップの可能性や部分的な代替材料・代替技術出現の可能性は拭えない。そのためにも他のチタン合金の小径パイプ化と微細加工技術の分野においても先行的な開発と他社の追随できない加工技術を確立することが求められている。

しかし、顕在市場と潜在市場との大きな乖離は、世界で二九のみが生産可能ということに起因する。技術的に難易度が高く、他社がこの難易度をクリアできないため、他社からの参入はないが、競合他社のない分、市場開発のパワーや認知度が制限されてしまう。かつ、βチタンパイプのさらなる量産体制を確立し、十分な供給体制を構築することにより、潜在市場を掘り起こすことが可能となる。二九としては、見本市などの展示会にも積極的に出展し、より強くアピールすると共に、信頼できるパートナーを見つけ、ネットワークを広げ、協力工場の開拓・育成を進める考えである。

## 海外展開

世界を視野に入れた場合、米国の医療機器メーカーの国内売上は、世界市場の約4割を占めている。欧州は約3割、日本は1割強の比率である。各地域の今後の伸び率予想は、北米市場で、対前年比5・1%、欧州7・1%、日本6・1%、他のアジア地域が8・2%程度と予測され、海外市場への積極的な進出が必須となってきている。

二九では、欧米への販路開拓に向けても積極的に推進していくべく社内体制を整えている状況である。営業活動については、世界市場をターゲットに２０１１（平成23）年、２０１２（平成24）年にドイツで開催されたCOMPAMED—国際医療機器部品展—に当社単独で出展し、βチタン小径パイプとこれらの微細加工製品の市場開拓に努めている。２０１３（平成25）年も継続してCOMPAMEDに出展する。

## 事例5　すべては、患者さんの生命と健康のために

# 京都医療設計

**会社概要**

商　　号：株式会社京都医療設計（きょうといりょうせっけい）
本社所在地：京都市山科区
代表取締役：伊垣敬二
会社設立年：1985（昭和60）年11月
資　本　金：2,200万円
従業員規模：50 人
主要製品：循環器関連消耗品（ステント、カテーテル等）、外科手術用吸収性ポリグリコール酸フェルト（ネオベール）
売　上　高：49億円（2012年度５月期）
医療機器関連事業の売上高：49億円（事業全体売上高の100％）
医療機器への参入形態：製造業者、輸出業者、卸売業者、輸入販売元として
薬事認可取得状況：医療機器製造業許可、
第一種医療機器製造販売業許可、
ISO 13485、CEマーク（EU）
海外展開：欧州13か国で販売等

## (1) 医療機器への参入

### どんな会社

業務はディーラー業が7割、メーカーの代理店業務が2割、ステント製造関係が1割。ディーラー業では、メドトロニクスやエドワーズライフサイエンスなど様々なメーカーの製品を取り扱っている。代理店業務としては、グンゼの総代理店をやっていて、取り扱い製品は「ネオベール」（一般的名称：吸収性組織補強材）。自社の生体吸収性ステントは、欧州のCEマークを取得して展開中である（ミュンヘンに事務所置く）。〔CEマーク（CEマーキング）：基本的に欧州連合（EU）地域に販売される指定の製品に貼付を義務付けられる基準適合マーク。〕

### 取扱い製品又は技術

①生体吸収性ステント（製造・輸出）

生体吸収性ステントの国内販売については薬事法

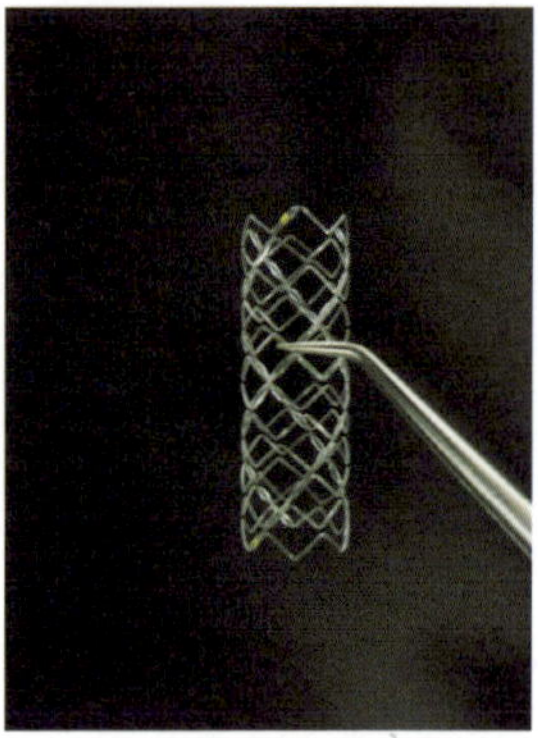

図1　生体吸収ステント

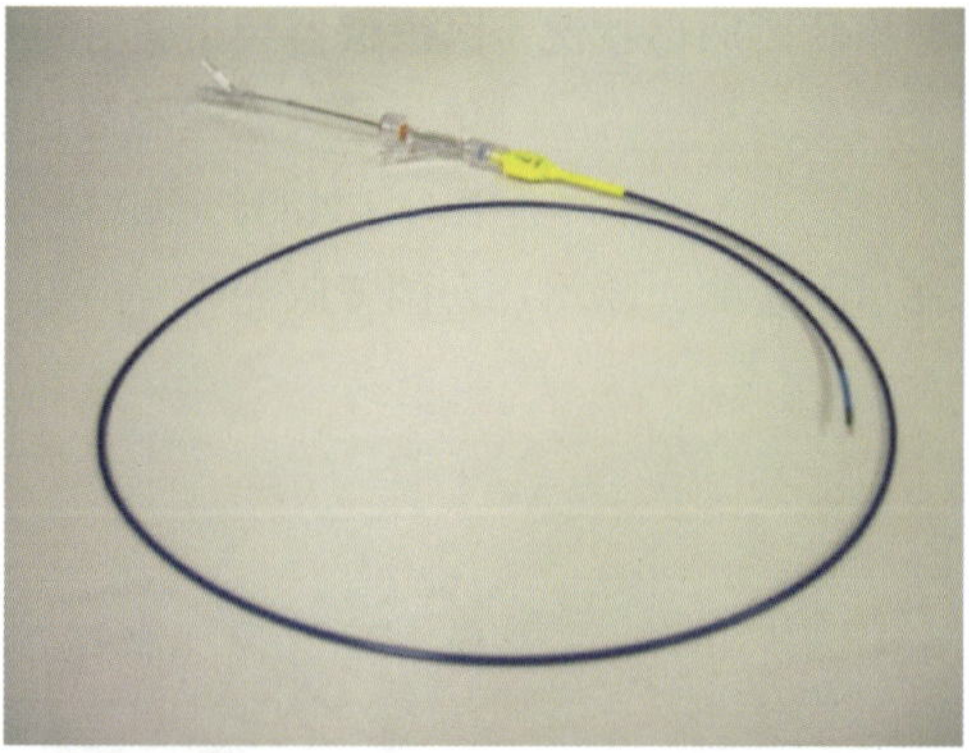

図2　生体吸収ステントのシステム

の関係で承認に時間がかかるため、薬事戦略上、欧州から販売を開始している。

②外科手術用吸収性ポリグリコール酸フェルト（国内総販売元）

③循環器関連消耗品（卸売）

## 参入のきっかけ

京都の医療機器卸売業者（ディーラー）で働いていた伊垣敬二氏が、1985（昭和60）年に独立して立ち上げたのが始まりである。医療機器ディーラーでの経験を活かして始めた会社。最初から医療機器への参入を前提として設立された。

当初から循環器関連消耗品（ステント、カテーテル等）の卸売を手がける。当時新しい医療機器（バルーンカテーテル）が使用され始めた頃で、医師の助言もあり、これを元に卸売業者として事業可能と判断して起業。

伊垣敬二社長は京都工芸繊維大学出身で、〝金属で作れるものは繊維で作れる〟という考えを持っていて、その発想からステントを開発することを始めた。

ステントは心臓の冠動脈だとリスクも大きいので、会社の規模を考え、何かあったときにつぶれてしまう可能性を懸念し、最初は下肢から始めることとした。

## 参入に向けての社内体制の取り組み

取り扱ったのが当時新しい医療機器であったため、これに精通した医師とともにノウハウを構築し、カテーテル技術等の情報提供を行なえる専門スタッフを育てた。また、養った知識をもとに、自社製品の開発に取り掛かる。

自社製品の開発・製造のため、京都工場を開設。京都府薬務課や第三者認証機関の査察や協力を得て、製造経験を培った。

## 参入時の課題と対応

販路が少なかったこと、スタッフが足りなかったこと、運転資金が不足したことなどが挙げられる。

参入時には、販売先が少なく、最初はなかなか販路が得られなかった。徐々に信用が得られ販路が開拓されると、次に引き合いの案件に対しスタッフが足りなかった。スタッフの増員を考えるも、即戦力のスタッフは得られず、新しいスタッフには教育する余裕がなかった。引き合いがあってもマンパワー不足から、お断りする案件もあり大変であった。

このころより、毎年少しずつスタッフを増員する計画をたて、精鋭のスタッフを育ててゆくことでマンパワー不足も解消され、会社の規模も徐々に大きくなっていった。

参入時には、運転資金に困るほどであったが、徐々に売上が伸びるとともに安定し、卸売業だけでなく、自社製品の開発・製造を行なう製造販売業としても事業拡大する余裕が見られた。

毎年スタッフを増員するとともに、教育を行ないつつ、販路を少しずつ広げていった。

なお、大手企業と組んで開発するのは、研究段階ではオッケーであっても製品化などが見えてくると大手が持っていってしまう、といったことなどで結局、中小企業は負けてしまう。一方で、大手と組まないと、開発や承認までに時間がかかる等の問題もある。そこら辺をどう考えるかというのは非常に難しい問題であった。今でもＭ＆Ａ（合併や買収）の声は多くある。

## (2) 薬事規制等への対応

### 承認等の品目

一般的名称：生体吸収性ステント
製品名：ＲＥＭＥＤＹ（欧州でのＣＥマーク承認製品）

ステント開発に要した時間は19年ほどになるが、その間、治験期間も含め、無借金で乗り切ってきた。

欧州では、生体吸収性ステントＲＥＭＥＤＹ（レメディ）がＣＥマークを取得し販売している。

２０１２（平成24）年後半から、日本で薬事承認に向けて治験を行なっている。最初に欧州を選んだのは、一般的に、ＣＥのほうが早く取れると聞いていたから。

通常、①欧州（ＣＥマーク）、②アメリカ（ＦＤＡ）、③日本の順で承認が取りやすいといわれている。

図３　CE（シーイー）マーク

また、CEマークを取れば、欧州のどの国でも売ることができる。韓国でも、CEマークやFDA承認を取っていれば、その時のデータを利用できる。

日本の薬事で懸念しているのは、費用や申請してから承認されるまでの期間が読めないところ。治験数も何件要求されるのかわからない。また、日本での前例がないので、薬事コンサルタントもどれくらいかかるのか、など承認に関しての目途が全くわからない。

## 製造業、製造販売業

当初、薬事の業許可などは取得していなかったが、現在は製造業許可と製造販売業許可を取得している。取得に要した期間は1か月で、かかった費用は約10万円。薬事専門コンサルティング企業のアドバイスを受けながら、自社で書類作成等行ない取得した。書類については薬事法に定められている記録等、薬事専門コンサルティング企業や京都府薬務課の協力を得て、作成を行なった。

課題となったのは、薬事における知識不足、経験不足である。薬事業務のノウハウは急には得られないため、薬事専門コンサルティング企業に相談し、自社のスタッフが行なうことでノウハウを蓄積していった。

## 医工連携

医師／医療機関との連携：伊垣敬二社長が、起業前に構築した医師との関係もあり、無料で助言をいただけた。具体的には、現在医師が抱える問題点の情報や、市場流通品と比較して開発品がどうか等の評価などである。

工学研究者／研究機関との連携：工学系の大学教授を有料で顧問に迎え、技術の提供、意見をいただいた。主に自社開発製品に対し、評価いただいた。具体的には機械的強度についての助言や、試験方法についての評価などである。

### 販売

自社開発製品については、２００９（平成21）年から欧州でのみ販売している。国別の代理店（商社）を通じ、病院に納入している。少しずつ地道に販路を拡大した。

販路の開拓に当たっては、海外の学会、展示会に展示。展示会を通じ、引き合いのあった企業と話を進めることなどを行なった。

販路開拓に際しての課題は、価格の問題である。つまり、こちらの希望価格と、先方の購入希望価格に開きがあったこと。これには、丁寧に自社の技術を説明し、こちらの希望価格で納得してもらうよう努めた。現在、納得していただいている取引先とのみ販売を行なっている。

## (3) ＰＬ・保険収載・海外展開等

### ＰＬ（製造物責任）

海外ＰＬ保険に加入。特に問題は生じていない。

### 保険収載

なし。医療保険制度は各国によって異なるが、基本的に包括医療制度が多く、保険収載はあまり望めない。

国によって保険のシステムが異なり、状況が異なるため、情報収集が課題といえるが、外国は日本ほど保険制度が整備されていないし、整備されていても不十分であると思う。こればかりは、各国のシステムの問題であり、解決策は見当たらず。

### 海外展開

欧州13か国（イタリア、ドイツ、トルコ、スペイン、イギリス他）で販売を行なっており、ドイツ・ミュンヘンに別会社 Kyoto Medical Planning GmbH を設立し、国別に代理店を経由して販売をしている。

海外展開において直面した最大の課題は、「販売」の項で述べたとおり価格の問題である。この問題については、丁寧に自社の技術を説明し、こちらの希望価格に納得してもらうしかないと考えており、地道に営業活動を進めている。

海外マーケットの情報は、学会や展示会（ユーロPCR、MEDICAなど）に出るなどして、自分たちで収集した。その結果、下肢の血管が詰まる疾患が多いのは、ミラノやフランクフルト、ライプチヒといった場所であることがわかり、ドイツに拠点を置くことを検討した。どの展示会に行けばよいか、といったようなことは医療機器業界に所属しているので、だいたいの目安は自分たちでわかっていた。

開発に際しては、中国などの模倣の問題が怖いので、特許はきちんと申請するようにしている（会社では特許等の管理は伊垣敬二社長、企業や行政との交渉などは楠本雅章副社長といった役割分担）。特許は中国、韓国、ロシア、アメリカ、欧州など様々なところで取得している。

下肢ステントは本来、治験は不要だが、生体吸収性ステントの場合は初めての材質ということで、EUから治験をして欲しいといわれた。結果、2000（平成12）年から治験を始めて最低50例は実施し、2007（平成19）年に承認を得ることができた。

治験はドイツの病院にお願いした。ドクターは、故玉井先生にご紹介いただいたり、該当疾患についての有名なドクターを探し、その先生の学会発表などを聞きに行ったり、論文を読んだりして、自分たちの製品の治験をお願いするのに適しているかどうかの検証を行なったうえで、直接、お願いをした。

欧州で発売を開始した生体吸収性ステントREMEDY（レメディ）はCEマークを取得し、現在、韓国で承認申請中だが、最終段階に入っており、まもなく承認が取れる見通し。

生体吸収性ステントは、糸にして編むといったような作り方をしていて、通常の金属のレーザー加工と違うため、生産できる量に限界がある（大量生産ができない）。

## 事例６　世界の最先端を支える

# Ｔ　Ｓ　Ｓ

**会社概要**

商　　　号：株式会社 TSS（てぃーえすえす）
本社所在地：東京都品川区戸越
代表取締役社長：田中淳
会社設立年：1960（昭和35）年12月
医療機器への参入時期：2012（平成24）年
資　本　金：2,000万円
従 業 員 数：125人（グループ全体で195人）
主 要 製 品：電子部品向け自動組立ラインを構成する装置等設計・製造
売　上　高：20億円（2011年度）
医療機器関連事業の売上高：0（発売前）
医療機器への参入形態：自社開発・製造の医療機器製造販売業者として
薬事認可取得状況：第２種製造販売業許可（東京都）、医療機器製造業許可（富山県）、高度管理医療機器等販売・賃貸業許可（東京都）
医療機器製品：医用電子血圧計（クラスⅡ）
海 外 展 開：なし。今のところ計画もなし。

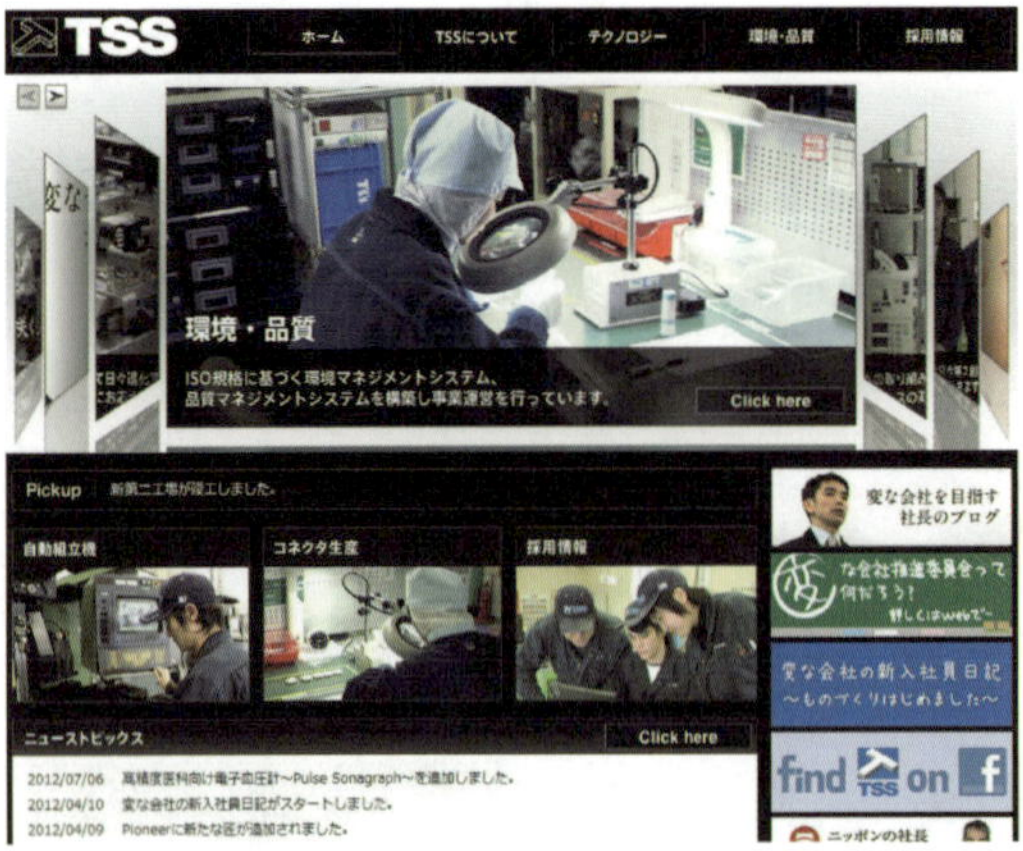

## (1) 医療機器への参入

### どんな会社

ＴＳＳグループ（工場、関連会社含む）の基本理念は、電子部品を主体とした「ものづくり」にあり、社員全員が世界の最先端を支えているという気構えをもっている。主な製品は、毎日当たり前に接しているモノやサービス（携帯電話、パソコン、車、ゲーム、カメラなど）に使われている電子部品。ＴＳＳグループは、その中に使われる電子部品を自動で生産する機械と、その設備を活用したサービスを社会に提供する会社である。

ＴＳＳグループ社員一人一人の仕事が、パソコン、電気製品、自動車などの高性能化、高機能化、高品質化、低価格化、小型化といった最先端技術の発展に寄与している。とても小さな世界だが、子供からお年寄りまでのあらゆる年齢層で、また日常生活におけるあらゆるシーンで、ＴＳＳの技術が世界中の人々の役に

図１　富山第二工場

立っているという。

## 参入のきっかけ

主要事業（電子部品の自動組立装置の設計・製造）での利益確保が、先行きも含め大変厳しい状態にあることから、TSSでは、兼ねてより異業種への参入、特に安定的な売上が見込めると考えられた医療機器への参入を、田中猛会長の直轄である新商品開発部において検討していた。

そんな最中の2009（平成21）年3月、血圧測定理論が書かれたある論文を紹介された。それは「仮説・Korotokov sound（動脈のきしみ）の特定とその理論」という論文。同年5月には大学病院での医工連携セミナーに参加し、専門の医師から「仮説」について意見を伺う。そしてこの仮説をベースに、現在主流となっているオシロメトリック法とは異なる新しい理論に基づく血圧計を商品化することを決めた。

2010（平成22）年～2011（平成23）年にかけて、「製造業許可（一般）」、「第2種製造販売業許可」

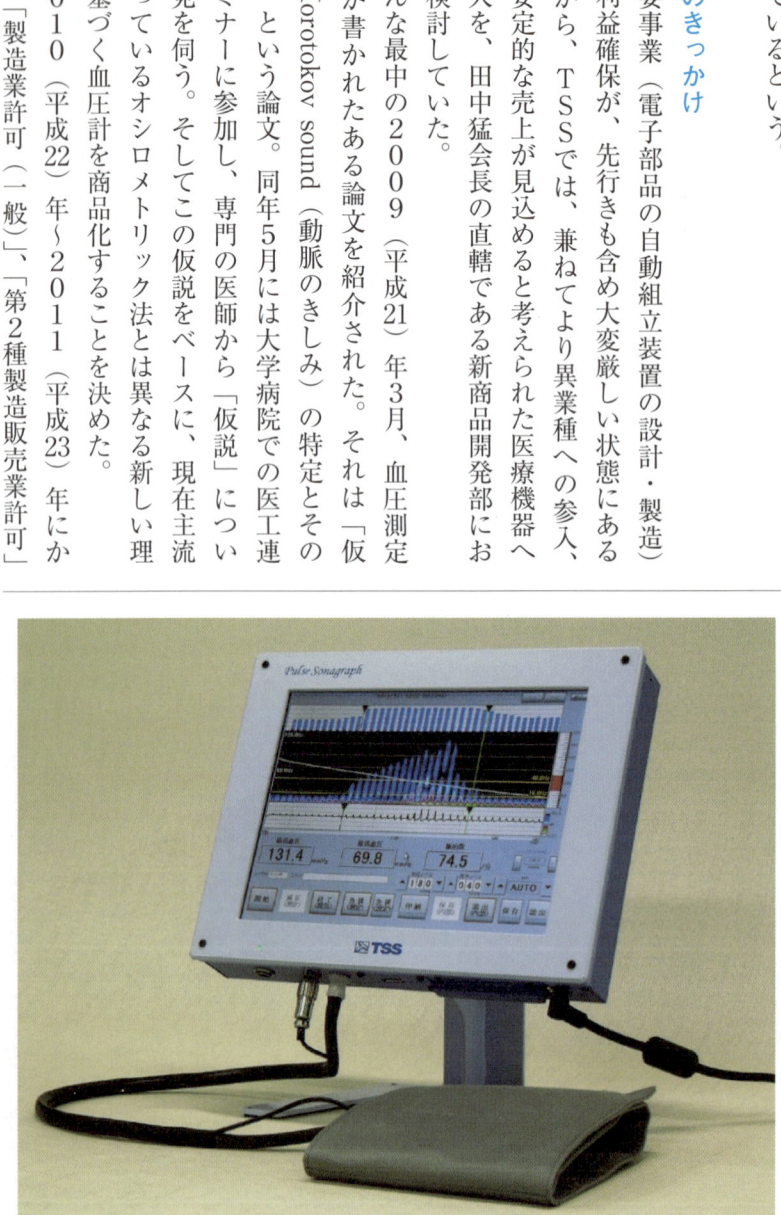

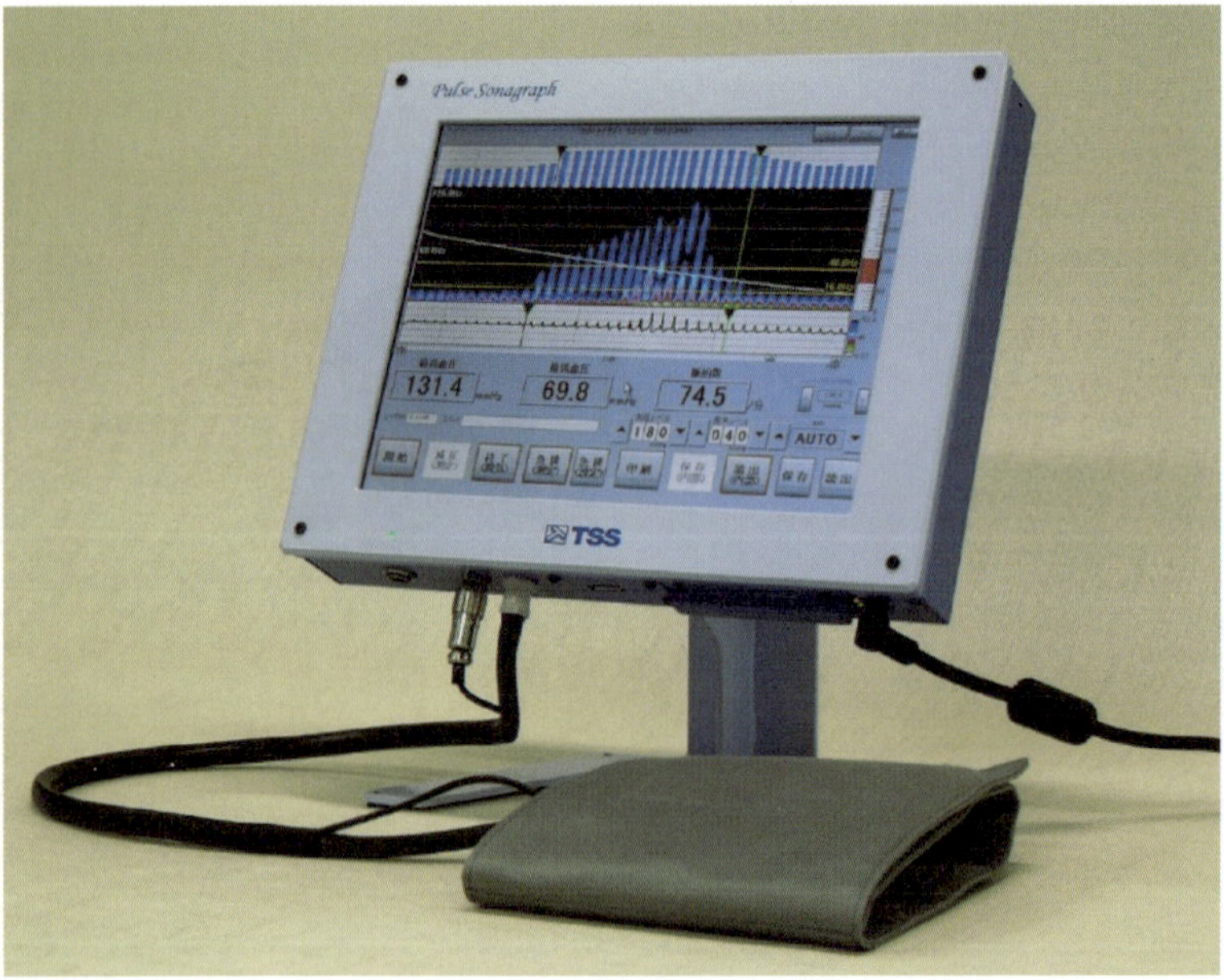


図2　電子血圧計

を取得。２０１２（平成24）年5月、開発第一段として、医用電子血圧計を完成させた。

### 参入のベースとなった技術や製品

ＴＳＳは、医療機器とは全くの異業種会社であるため、特に利用できるような技術はなかったが、強いて言えば、センシングに係る知識、電子回路設計、信号処理技術等が血圧計を開発する上で役立ったと思うという。しかし、ＴＳＳの既存技術が医療機器に適用できると判断した訳ではなく、「ただ挑戦あるのみ」と考えたのだという。そして「現状でも、調査と勉強の日々が続いています」とのこと。

### 参入に向けての社内体制の取り組み

外部から専門家を開発技術顧問として招いた。また、区の産学連携を通じ、大学医学部教授のアドバイスを戴くための環境を整えるなどした。

### 参入時の課題

薬事の知識が全くなかったこと、販路のあてがなかったこと、総括製造販売責任者となる有資格者が社内にいなかったことなど。

### 課題の解決策

薬事知識の習得について、また総括製造販売責任の人材確保策等について、開発技術顧問の指導を受けた。

## (2)　薬事規制等への対応

### 概要

製造業許可については富山県庁くすり政策課に、製造販売業許可については東京都庁福祉保険局に、それぞれ直接出向いて説明を受けた。その他、すべての関係機関を直接訪ねて、疑問を解決していった。

認証については薬事コンサルタントなどを活用してデータ取得や申請書類の支援を受けた。試作品は大学等と連携して作った。

### 承認・認証・届出品目

製品名：パルスソナグラフ

一般的名称：医用電子血圧計（クラスⅡ認証品目、特定保守管理医療機器）

認証に要した期間：約1年

開発費用：約1700万円

第三者認証費用：約350万円（JIS型式認証含む）

なお、医療機器の開発に関連し、以下の特許を出願している。

①脈派解析装置（血圧解析理論）：特願2011－038537（平成23年2月24日）

②脈派解析装置（不整脈解析理論）：特願2012－107402（平成24年5月9日）

### 認証への対応等

JIS基準を予め調査し、社内あるいは公立の試験場で行なえる内容は、事前にテストした。また、現存する類似品を調べ、申請時には、それと同等品として申請を行なった。

承認審査に際しての大きな課題は、QMS審査の際に審査官からの指摘が多かったこと。指摘事項への対応調整に時間が掛かり、是正書類を作成するのに2週間以上の時間がかかった。

対応策として、既存のISOを管理する社内チームの助けを借り、また、QMSに関する書籍を調べながら、QMS体制を構築した。〔ISO：国際標準化機構又はそこが定める国際的な規格。／QMS：平成16年厚生労働省令第169号「医療機器及び体外診断用医薬品の製造管理及び品質管理の基準に関する省令」で定める基準。〕

### 製造販売業の許可について

第2種製造販売業許可を取得。取得に要した期間は約2か月。業許可取得に際してかかった費用は総額20万円程度。

製造販売業許可については東京都庁福祉保険局に出向いて説明を受ける。社内的には、業許可取得に際しては、一部管理部門の手助けを得て、既存の開発部門で対応した。

製造販売業許可取得に際しては、GVPやGQPに関する手順書の雛形が行政（東京都）側に用意されていたこともあり、申請書を含む書類の作成には、それ程の苦労はなかった。〔GVP：平成16年厚生労働省令第135号「医薬品、医薬部外品、化粧品及び医療機器の製造販売後安全管理の基準に関する省令」／GQP：平成16年厚生労働省令第136号「医薬品、医薬部外品、化粧品及び医療機器の品質管理の基準に関する省令」〕

ただし、申請手前の、総括製造販売責任者の人選には大変苦労した。これに対しては、開発技術顧問に就いていただいた方の指導を仰いでクリアすることが出来た。

## 製造業の許可について

製造業許可（一般）を富山県朝日工場で取得した。取得に要した期間は約2か月、かかった費用は総額20万円程度。

業許可取得にあたっては、既存（反射側）の開発部門と工場側の管理部門等で対応した。

申請書類、工場監査とも比較的スムーズに進み、大きな問題はなかった。また、責任技術者に関しては、経験を問われないため、工場側に該当者が多数いたこともあり、この面でもスムーズに整えることができた。

工場監査の際、衛生面で、履物に関する指摘があったが、医療機器製造現場の専用履物を揃えることにして是正報告を行なったところ問題なく合格となった。

## 医工連携

開発をスタートする際、大学病院が主催した医工連携セミナーに参加した。その時に相談を持ちかけた医学部教授を通して、データ取得のための臨床使用をしていただいた。現在はそこと共同研究契約を締結し、開発のお手伝いをいただいている。

#### 販売

開発した医用電子血圧計は、社内的には完成度がまだ低いと評価している。そこで今のところ未発売であるが、現在、発売するかどうか検討中である。2013（平成25）年度からの発売を予定してはいるが……。

販路については、数社のディーラーの方々のご意見を伺ってはいる（売り込むという形での接触はしていない）が、未定である。

発売することを決定次第、販路拡大について考えていく。基本的には、知り合いの医師あるいは病院を通して、ディーラー各社に紹介していくことを考えている。

全国に同じような医療機器販売業者が存在するのか、また、その社の得意とする商品は何か、などを把握する術（業者開拓）がないのかに関して悩んでいる。

### (3) PL・保険収載・海外展開

#### PL（製造物責任）

PL保険は、医療機器への参入に当たり検討はしなかった。

#### 保険収載

保険収載されていない。

#### 海外展開

していない。予定もなし。

## 事例7　Made in Japan 医療機器を

# 湯原製作所

### 会社概要

商　　　号：株式会社湯原製作所（ゆはらせいさくしょ）
所　在　地：栃木県さくら市
代表取締役社長：湯原正史
会社設立年：1950（昭和25）年
医療機器への参入時期：2008（平成20）年
資　本　金：5,000万円
従業員数：90人
主要製品：自動車部品、産業機械用部品、医療機器、航空宇宙関連部品
技　　　術：パイプ塑性加工技術、金属精密切削加工技術、接合技術
売　上　高：15億7,166万3,000円（2012年度）
医療機器関連事業の売上高：1,000万円（事業全体売上高の７％）
医療機器への参入形態：医療機器部品・素材供給業者として
薬事認可取得状況：なし
海外展開：北米（ジョージア州アトランタ）、タイ

## (1) 医療機器への参入

### 製品

商品名：S－ワイヤー

製品概要：ケーブル先端部に特殊加工（撚り線加工）を施したガイドワイヤー。骨内にて先端がほつれ、海面骨に絡みつくことにより、必要以上に前方にも後方にも移動しにくいという特徴を有する。これにより、特に脊椎手術におけるペディクルスクリュー挿入などの際、椎体前壁貫通による血管・腸管損傷の合併症リスクを低減することが可能。

市場規模：5億円

薬事のクラス：クラスⅡ（認証）

図　S－ワイヤー

### 参入のきっかけ

2000（平成12）年以降、湯原製作所の主力製品である自動車部品がコスト削減のため、モジュール化、樹脂化等と変化し、生産対象部品が減少してきた。また自動車メーカーの海外展開・現地調達が急速に進み、自動車部品の国内需要が年々減少している。そこで自動車部品製造で培った金属パイプ塑性加工、切削、接合の3つの加工技術をベースに、異業種分野での部品加工及び加工技術の販路展開を図ることとした。

そのような折、湯原製作所が所在する栃木県が主体となり、医療機器分野への参入拡大を目指した「とちぎ医療機器産業連絡協議会」が立ち上げられ、これを機に同協議会に入会、医療機器分野へ本格的な参入を試みた。

### 技術

湯原製作所の保有技術は、①金属パイプ塑性加工、②精密切削、③接合加工技術――の3要素で構成され、自動車部品の供給では生産品の約40%が重要保安部品となっている。

航空宇宙分野では、ＧＸロケットに使用されたエンジンノズル、Ｈ２ロケットに搭載され生物実験で使用されるモジュール容器を作成、研究者へ供給している。

パイプ加工技術では産学連携で超音波を応用した曲げ加工技術及び設備開発を行ない、高精度の曲げ加工を実現している。湯原製作所の強みは、技術開発において、設備開発から生産対応する治工具作成まで自社内で行なうことができ、試作1点から大ロットまで社内で一貫生産を可能としているところにある。

## (2) 参入時の課題と課題への対応

### 参入に向けての社内体制の取り組み

２００８（平成20）年、異業種分野への参入を模索するため、湯原製作所内において経営層より中・長期計画が発表された。その中で組織の一部を変更し、営業部門に医療機器分野への参入を目指し新たな担当を任命した（既存営業と兼任）。

一方、医療機器分野の案件に素早く対応が可能となるよう技術担当部門に対し、医療機器分野への進出方針を示し総意を結集し取り組むよう指示が出された。また、湯原製作所全社員に対し、全体朝礼時に、医療機器産業分野への進出決意表明をし、全社員の意思統一を図った。

### 参入時の課題

湯原製作所が得意とするパイプ塑性技術及び切削・接合技術が、「医療機器業界でどのように使用されるのか？」、「そもそも医療機器業界で必要とされているのか否か？」など医療機器業界の情報をほとんど持っていなかったこと。

現状１００％メーカーからの受注品のため、湯原製作所で開発した製品もなく、販路のあてもなかった。また、国際規格ＩＳＯ１３４８５（医療機器の品質マネジメントシステムに関する規格）を持っていないことでの医療機器業界での扱われ方なども未知の分野であった。

### 課題に対する解決策

・栃木県主催「とちぎ医療機器産業振興協議会」会員様への訪問及び、ニーズの発掘を実施した。

・展示会等へ出展し、湯原製作所の持つ加工技術を広く業界へ情報発信することを心がけた。

・医療機器メーカーへ加工サンプルを持参し、設備・機器でのシーズ・ニーズの発掘を目的とした直接営業の展開（電話でのアポイント後）を実施。

・ISO13485、薬事の認証・許可などを持たずに、部品、素材の供給業者に徹することで医療機器メーカーの競合とならないことを武器とした。

### 参入具体事例

2010（平成22）年に福島県で行なわれた医療関連展示会で知り合った東京の医療機器メーカー、株式会社田中医科器械製作所から、同社が開発した医療機器（医療用安全ワイヤー「商品名：S－ワイヤー」）の改良に技術協力をしてほしいと湯原製作所に要請があった。同時に同製品の量産可能性についても検討依頼があった。現状、手作業による生産で量産が難しいのだという。

S－ワイヤーは、湯原製作所が有する開発及びパイプ加工技術を応用して製作できることから、改良に対する技術提供と量産対応することを引き受け、加工設備の開発から手がけることになった。設備開発コストが高く、投資にリスクを伴うものであったが、考案者である慶応義塾大学医学部・石井医師から製品の必要性、将来性について説明を受けたことが、湯原製作所の開発決断を決定づけた。

設備の開発及び製品（素材）供給を湯原試作所、仕様決定及び製品の仕上げ、販売を田中医科器械製作所、試作品の評価を石井先生が行なうという役割分担で当該事業を発展させることができた。

### 販売

すでに製品化され販売されていた製品であるが、手仕上げでの製造であったことから生産数が限られ、また有用な機器であったものの、さらなる改良を加えることで成長の余地を残していた製品でもあった。湯原製作所の技術協力を得ることで、さらに改良が加えられ、また量産・コストダウンも可能となり、田中医科器械の販路を通じ国内はもとより将来的には海外への販路を開く展開を模索することが可能となった。

### 販路開拓に際しての最大の課題

当初販路に関する情報が全く無いため、湯原製作所の技術・製品をどこにどのように売り込めば良いのかわからなかった。医療機器製造に関する許認可を待たず業界で製造業として成り立つか否か全く不明の状況であった。

### 課題に対する解決策

・展示会へ出展し情報発信及び、シーズ・ニーズ情報収集を心がけた。
・加工困難な製品でもそれをものにし、依頼先様へ提出することで担当者から次に繋がる案件を得ることが少しずつ増えてきた。
・医療機器の素材加工・部品製造であれば、許認可が無くとも供給可能であることがわかった。
・販路を持った医療機器メーカーの協力会社として共存共栄。

### PL（製造物責任）保険加入、保険収載、海外展開

なし。

## (3) S-ワイヤーのその後の展開

### Made in Japan医療機器へのコンソーシアム編成へ

S-ワイヤーをきっかけに連携を開始した湯原製作所と田中医科器械製作所はその後、次のステップとして〝Made in Japanの医療機器〟を作ろうではないかという計画を立てた。折しも「医療イノベーション戦略」「日本経済成長戦略としての医療機器産業」が声高に叫ばれる最中、まさに日本の中小ものづくり企業

である両社はその一翼を担おうではないかという思いを共有した結果の計画だ。

幸運なことに田中医科器械製作所は、創業97年の医療機器メーカーであると同時に、50年前から東京・千葉を中心に多くの取引病院を抱える医療機器販売業者でもある。同社は医療機器の製造を行ないながら、一方で数多ある外国製医療機器の取り扱い実績を有していた。つまり〝現場のニーズ〟に関する情報の蓄積があった。特に整形外科用インプラントには詳しかったことから、両者の計画はこの分野にターゲットを据えた。

整形外科用インプラント製品を完成させるにはいくつかの種類の技術をCombineする必要がある。

パイプの塑性加工を専門とする我々と外科用鋼製手術器械を専門とする田中医科器械製作所だけではこの計画の成功は望めない。そこで両者は田中医科器械製作所を中心にさらに数社と連携することを決め、本計画のコンソーシアムを構築し実行計画の策定に至った。薬事戦略、知財戦略に加え、一番重要な販売戦略についても具体的にネットワークづくりを行なった。

こうしてこれから製品化に着手する医療機器は、これまで新規性や革新性を狙い、自社のものづくり技術に拘ったことで事業化に至らなかったケースも多いことから、先ずは販売業者が蓄積してきたユーザーの評価をもとに企業発のデザイン・設計を行ない、〝選ばれる（＝売れる）〟ものを目指すこととしている。

そしてもう一つ重要なことは、今回集まった数社の中小ものづくり企業が各々目先の利益にとらわれることなく、先ずはオールジャパンで成功しようということに合意したことである。外国製品に占拠されている日本の市場を、日本製に取り返していこうという挑戦である。

このような経緯より２０１３（平成25）年1月、Made in Japanの医療機器の開発はもとより〝売れる〟商品開発の計画が始まった。ターゲットユーザーは当然、欧米人とは体格・手の大きさや強さなどが違う日本の外科医であり、そうした外科医にとって〝使い易い手術機器〟を特徴とした機器を作ることとした。医療機器は医薬品とちがい、その効能・効果が使い手の技量により大きく左右される。外科医にとって使い易いことは、手術ミスの防止、手術時間の短縮に繋がり、即ち患者さんの利益となる。ものづくりの職人である我々にこそ作れる日本人の外科医（職人）のための道具がコンセプトとなった。

開発計画は設計・製造に関する役割分担や経費の試算、スケジュール作り、また薬事や知財戦略をどうするかに加え、主観的である〝使い易さ〟を可視化するための研究を付加することなどを盛り込み着々と準備を進めていた。

そんな中この計画はひょんなきっかけから「ふくしま医療福祉機器開発事業」として補助金を受けることができるようになった。

評価された一番のポイントは複数のものづくりの中小企業が各々得意とする分野の技術を持ち寄り、実施的に連携することで一つの商品を作り上げていくというビジネスモデルの成功例としての期待である。

また、同時に田中医科器械製作所が製造業と同時に営んできた販売業が持っている生のユーザーニーズに関する情報や大手販売店との複数のパイプがこの計画の実現性をよりリアルにした。

試験開発のための開発（自己満足）ではなく、売るための開発を目指し、この計画が福島県の復興に寄与することと連携する各社がそれぞれのポテンシャルを開花し、より強い中小企業へと発展するためのチャンスとして活かしていく考えである。

そのためにも田中医科器械製作所と連携することができた湯原製作所ほか数社は、すでに実績のある自社技術を基に、また変化することを恐れずに２０１３（平成25）年6月、Made in Japan の医療機器開発が開始された。

## 事例8　先進医療の、その先へ

# サンメディカル技術研究所



医療現場ニーズの的確な把握、事業化にこぎ着ける企業の力、学会の全面的な支援により、中小企業が体内埋植型治療機器を開発！

**会社概要**

商　　号：株式会社サンメディカル技術研究所
本社所在地：長野県諏訪市
代表取締役社長：山崎俊一
設　立　年：1991（平成3）年
資　本　金：4億5,000万円
従 業 員 数：64人
主 要 製 品：クラスⅣ医療機器である補助人工心臓EVAHEART
売　上　高：6億9,000万円（2011年度）
医療機器関連事業の売上高：6億9,000万円（事業全体売上高の100%）
医療機器への参入形態：製造販売業者として
薬事認可取得状況：第1種医療機器製造販売業許可、医療機器製造業許可、医療機器販売業・賃貸業許可
海 外 展 開：米国、欧州、アジアで予定

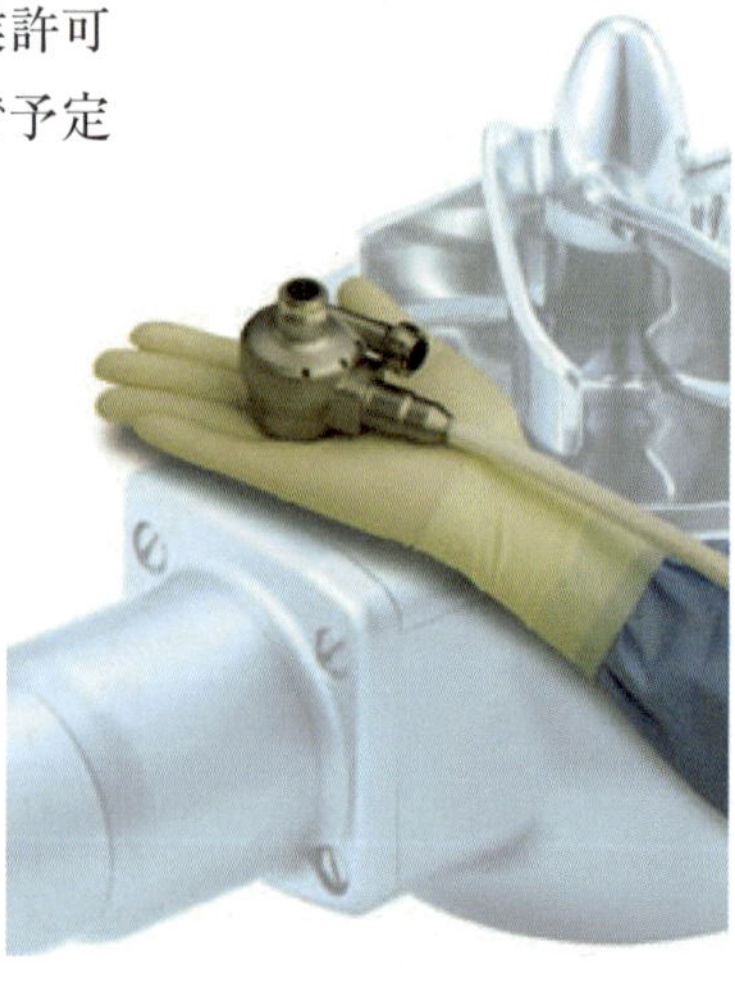

## (1) 医療機器への参入

### 参入のきっかけ

東京女子医大の山崎健二医師の体内植込み型補助人工心臓に関するアイデアを実現するために設立された会社である。

### 参入のベースとなった技術等

時計制作のための金属精密加工技術や精密組立技術が、医療機器参入の基礎技術となった。これら精密技術は、他産業の加工精度と比べて遙かに高い技術レベルである（自動車のエンジン等とは1桁以上違った精度を持っている）。

医療機器は、販売承認への長い審査期間や継続的な開発・改良が必要であり、先行すると他が追いつけなくなるため、先行してやることが必要と判断して参入した。

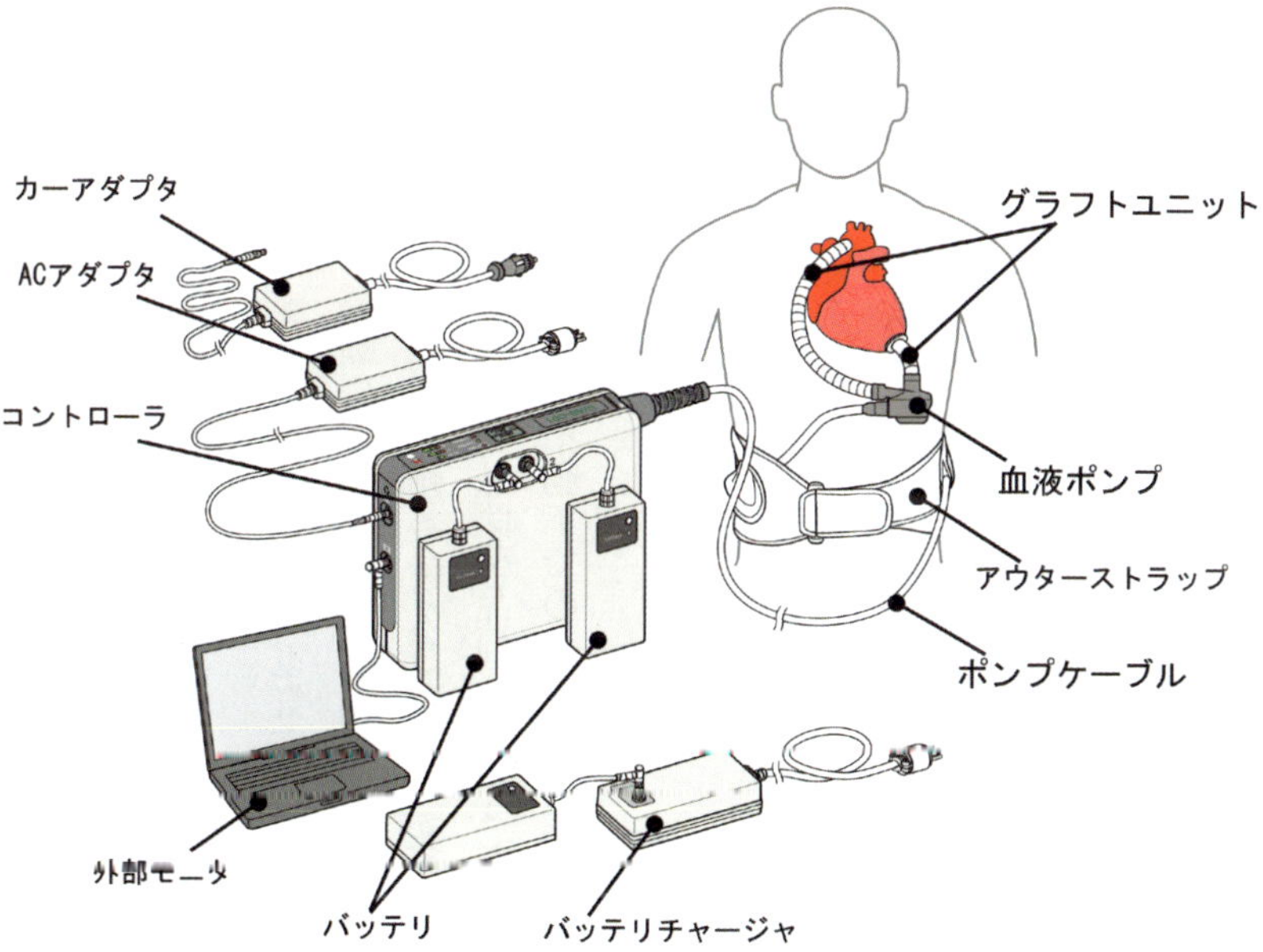


図1　補助人工心臓の構成

### 参入に向けての社内体制の取り組み

当初社員2人、これにチタンの精密加工ができるミスズ工業やセイコーエプソンからの人的な開発支援があった。

製品作りのファーストインプットでニーズをしっかりインプットした。

最初からリスク分析ができていなかったため、後日その重要性を知ることになった。

### 参入時の課題

①学術的にも未知な克服すべき技術課題があったこと。

・心臓の補助に必要な出力を出せる小さな羽形状の決定。

・血液シールをどうするか（水や油などの液体と違って、血液は異物に触れたり、狭い隙間に入ったり、温度が上がると固まるという性質があるため、血液のシール（軸封）は不可能と言われていた）。

②薬事を含めた医療機器開発に関する知見が不足していたこと。

③製品設計、前臨床試験、治験に多大な時間を要すること。

・研究開発・製品設計に10年（電気安全性等）、前臨床試験・治験に10年（＋資金）がかかった。前臨床試験では動物実験や耐久試験が大変だった。例えば、アメリカ食品医薬品局（ＦＤＡ）がガイドラインを有した拍動下でのシステムの耐久性試験には1～2年を要した。

### 課題の解決策

信念を持ってあたったことが一番大きい。

当初から東京女子医大や早稲田大学理工学部などとの医工連携を構築し、その後、産官学連携へと発展した。

シールについては、純水の循環システムという新機構を開発することで解決した。

## (2) 薬事規制等への対応

### 概要

薬事の業許可等は取得していなかったので、独立行政法人医薬品医療機器総合機構（ＰＭＤＡ）をはじめとした関係当局への相談、医療関連の協力企業からの情報収集、各種団体のセミナーへの参加などによって情報収集等行なった。

### 承認品目について

製品名：植込み型補助人工心臓EVAHEART（エヴァハートと読む）

一般的名称：体内植込み型補助人工心臓システム（クラスⅣ）

承認に要した期間：1年10か月。２００９（平成21）年1月～２０１０（平成22）年11月。

かかった費用：１００億円程度（開発～承認まで全て込み込み）

### 承認に向けての戦略

・医療機器の開発・薬事承認申請をスムーズに行なうため、学会の協力のもとに作られた、経済産業省の高機能人工心臓開発ガイドライン（２００７年5月制定）や厚生労働省の高機能人工心臓臨床評価指標（２００８年4月通知）が、申請上必要な試験やその内容の検討などに役立った。
・関係各学会との連携。
・ＰＭＤＡの事前相談制度の活用。
・オーファンデバイス（希少疾病用医療機器）指定取得。
・ニーズの高い医療機器の早期承認品目への指定取得。
・最終的には薬事審査提出書類としてまとめることを睨んで安全性試験を行ない、データを収集した。
・上記薬事戦略と保険収載見込みの2つが必要であり、併せて検討を進めた。
・保険収載に見合ったコストで作れるかも重要。

### 承認審査に際しての課題

・具体的なガイドラインが未整備であったため、治験計画書の作成に苦労した。

・審査にかかる時間が推測できなかった。

・当時、日本発のハイリスクな医療機器の薬事申請相談が少なかったこと等により、動物実験では国内での長期の慢性実験が求められた。

・最初、厚生労働省に行った際は、中小企業が、治験を伴うような高度な医療機器など絶対開発できない、薬事も理解できないだろうと、かなり脅された。

### 承認審査の課題への対応

・治験計画書の作成については、ＦＤＡのガイドラインをベースに、2相に分け実施した。

・実験データの信頼性や統計的な特殊な部分はアカデミアの先生や専門家を活用した。

・治験は機器の性格上、心臓移植認定施設にて行なった。

・治験のデータ収集には開発業務受託機関（ＣＲＯ）を活用した。

・主力病院や学会から治験への協力を得た。

・社内に薬事チームを編成し対応した。

・研究開発段階での試作品製造は、まず理想的なポンプを目指し、1台作っては実験（特に動物実験）で改良点を明確にし、次の試作品の設計・製造にかかるというトライ・アンド・エラーで行なっていた。なお、設計はサンメディカル、チタン部品の製造やポンプ組立についてはミスズ工業という分業体制をしいていた。ある程度ポンプ設計が確立したところで、それを駆動するコントローラ設計・試作に入っていった。

・製造販売承認の前に、国際規格ＩＳＯ１３４８５（医療機器の品質マネジメントシステムに関する規格）を取得した。

### 製造販売業について

第1種医療機器製造販売業許可を取得している。取得に要した期間は約2か月。かかった費用は50万円以下。

業許可取得には社内の品質保証チームが対応した。

問題は特になかったと感じる。窓口が県の薬務課であり、非常に協力的で助かった。事前の相談やパイプ作りが大切だと思う。

## 製造業許可等について

医療機器製造業許可、医療機器販売業・賃貸業許可を取得。取得に要した期間は2か月。かかった費用は50万円以内。

業許可取得に際しては、社内の品質保証チームが対応した。

許可を既に取得している事業者からの助言などが参考になった。

当社が地方にあったということもあり、許可取得に必要な人的要件を満たす経験者などの人材確保には苦労した。

## 医工連携

〈医師／医療機関との協力体制〉

EVAHEART考案者が山崎医師であったため、所属している東京女子医大の小柳主任教授以下の協力をはじめ、女子医大とも縁のあった早大理工学部の土屋教授以下、医工学・流体力学・摩擦工学の各研究室の教授が当社の顧問に就任し、共同研究開発がスタートできた。顧問料などについては年間１００万円以下又は手弁当で協力していただいた。

産学官連携という見方をすれば、開発スタートからよくできていたと思う。コーディネーター・目利きができる者がいれば大きな力になる。

〈工学研究者／研究機関との連携体制〉

早稲田大学の理工学部との連携では、総合的なアドバイスを土屋教授からいただき、医工学については梅津光生教授、羽については吉岡英輔教授、血液シールについては富岡淳教授からアドバイスをいただいた。また、実験を有料（年間１００万円以下、実験実費別）でお願いした。

流体の可視化実験は、独立行政法人産業技術総合研究所（産総研）の山根先生などにお願いし、実費にて

図2　補助人工心臓利用者の生活場面

ショッピング

バス

電車

請け負ってもらった。

今回の参入における「工」はサンメディカルだったわけだが、製造技術を持つ企業が絡まないとモノにならないと思う。

## 販売について

販売先は学会が認定した施設（現在全国で23施設）で、直販病院が数施設、残りは各病院指定の納入業者を利用している。

治験を行なった施設を中心に、年1回の認定施設の拡大にあわせ販路を開拓していった。具体的には、本治験を行なった5施設（東京女子医科大学、国立循環器病研究センター、大阪大学、埼玉医科大学、東京大学）をはじめ、認定された施設に対し、外科医／臨床工学技士（ＭＥ）／看護師向けに、それぞれのトレーニングを実施し、初回から数例の植込みには指導医（山崎教授他）が立ち会うようにしている。

各トレーニングには時間とマンパワー、費用がかかるのが課題となっている。特に動物を使った植込みトレーニングの場合。

販路開拓＝EVAHEARTの埋植手術を行なえる病院を増やすことであるので、国立循環器病研究センターで当機器の動物を使った植込みトレーニングを行なっている。

## (3) ＰＬ・保険収載・海外展開等

### ＰＬ（製造物責任）

治験段階からＰＬ保険に加入した。

医療機器への部材供給のためか、調達が難しい部材もあった。例えば、血液ポンプ部に必要な磁石、パッキン、コントローラ部に必要な電池、電子部品である。根気強く部材供給業者の経営層に説明し、また、サンメディカル側がＰＬ保険に加入して、その中に部材メーカーも含めるということで部材を納入してもらうことができた。

国内でどうしても調達できないものは海外企業から仕入れた。

### 保険収載

EVAHEARTは、材料費として保険収載されている。

保険収載価格は、補助人工心臓システム本体が１８１０万円、消耗品であるクールシールユニットが１０５万円。

保険収載に係わる課題は特になし。

### 海外展開

海外展開（海外販売）の予定あり。次のとおり。

米国：治験中（まだ植込み症例は０）。ＰＭＡ（市販前承認）取得後、販売開始予定。現地法人を設立して展開中である。

欧州：ＣＥマーク取得済。新型コントローラのＣＥマーク取得後に販売開始予定。

アジア：中国、台湾、シンガポール、インドなどの市場を調査中。選定後、新型コントローラのＣＥマーク取得を待って２０１４（平成26）年度には販売開始予定。

欧州とアジアは代理店を選定し、薬事申請から販売までを委託予定。

海外展開に際しては、当社への協力企業及び株主企業、協力医師、海外の協力病院などにアドバイスをいただいた（基本的に無料）。

海外展開に際しての課題は、各国の承認プロセスや保険関係がポイントになると思う。正確な情報の把握、かつ変化が激しい必要情報をいかにアップデートして把握するかがカギになるだろう。これからの課題である。

## 事例９　未来へ

# 山科精器

**会社概要**

商　　　号：山科精器株式会社（やましなせいき）。略称 Yasec（ヤセック）

所　在　地：滋賀県栗東市東坂525

代表取締役：大日常男

会社設立年：1939（昭和14）年７月

医療機器への参入年：2009（平成21）年頃

資　本　金：１億円

従 業 員 数：134人

主 要 製 品：自動車、産業機械等の工作機器、船舶、発電機等の熱交換器、油注入器

技　　　術：工作機械のメカトロニクス、微細加工等の応用技術等

売　上　高：30億5,000万円（2011年度）

医療機器関連事業の売上高：20万円（事業全体売上高の0.01％以下）

医療機器への参入形態：自社開発製品の製造販売業者として

薬事認可取得状況：第２種医療機器製造販売業許可、医療機器製造業（一般）許可、管理医療機器販売業許可

医療機器製品：内視鏡用洗浄・吸引用デバイス、手術用の吸引し管

海 外 展 開：予定あり

## (1) 医療機器への参入

### 参入のきっかけ

社長が、自らの入院経験等から医療分野へ興味を持ち、自社工機事業部の持つ「メカトロニクス」に係る技術を利用して医療機器を開発できるのではないかと考えたことがきっかけ。そして、２００９（平成21）年10月に工機事業部、熱交事業部、油機事業部に次ぐ4番目の事業部として、「メディカル事業部」を立ち上げる。

### 参入のベースとなった技術や製品

自動車や他の産業機械メーカーに提供している工作機械等のメカトロニクス技術と近隣の大学が持っていた微細加工技術（マイクロ・ナノメカトロニクス）。こうした技術が医療機器の試作に応用できると判断した。

具体的な医療機器のイメージはなく、企業としては「何ができるのか」、また、先生方の「こんなものができないか」という問答からのスタートだった。

### 参入に向けての社内体制の取り組み

社内に中央研究所を作り、そこで、メカトロニクスと微細加工技術とで何ができるのかを、産官学連携を通じて情報収集したり、そのような情報を基に試作品を作ったりするところからスタートした。

また、外部から医療機器の開発をしていた人材を招聘し、医療機器の開発・申請のために何をする必要があるのかを検討し、準備を進めた。

### 参入時の課題

①医療現場で使用されている言葉、文言の理解。
②薬事法に絡む知識の不足。
③製品の販売体制の確立。
④知財関係の知識不足。

図1　試作品の例
先生方の要望を受け、薬事申請等を考えずに、下記の試作品を試作した。

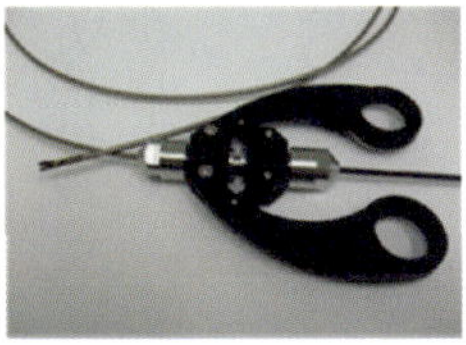

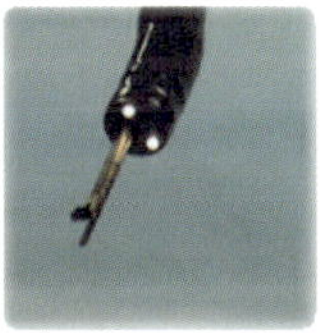

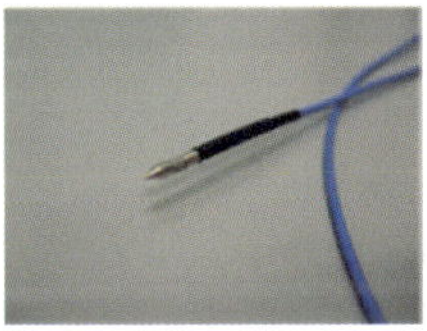

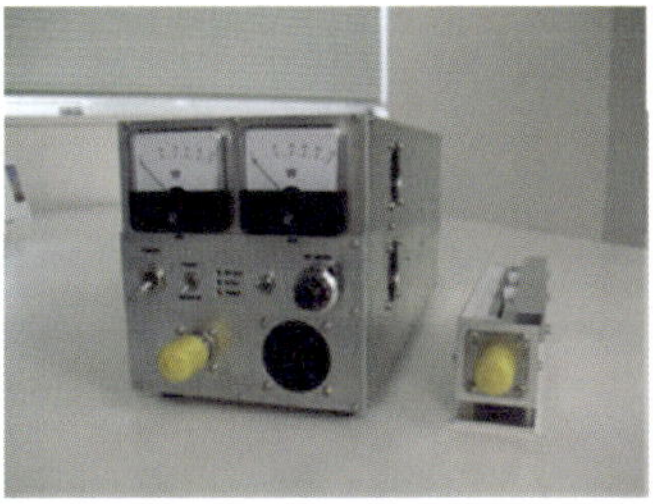

**内視鏡用マイクロ波デバイス と マイクロ波発生装置**

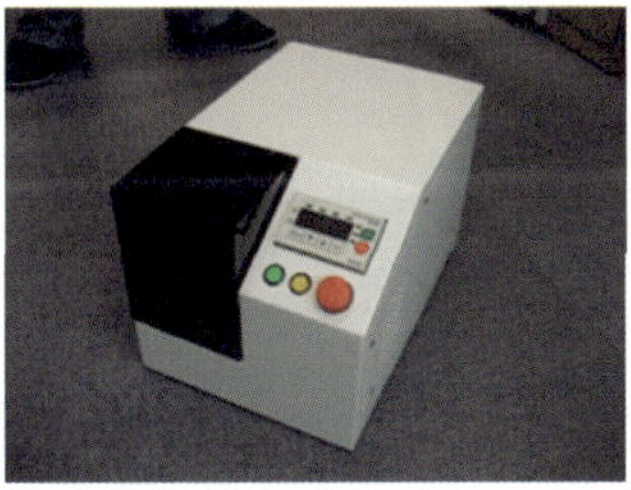

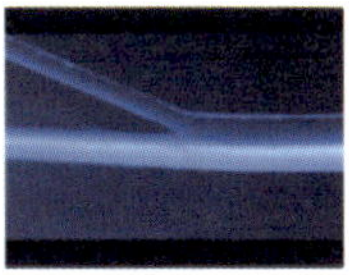

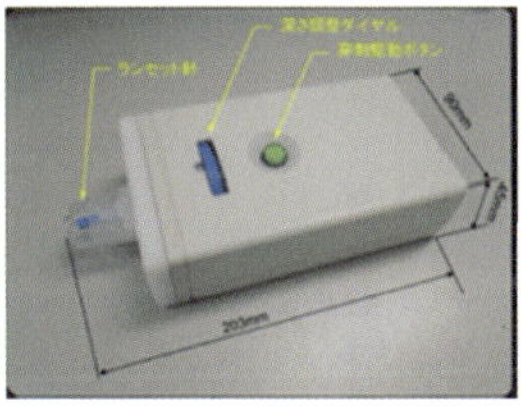


**穿刺デバイス**

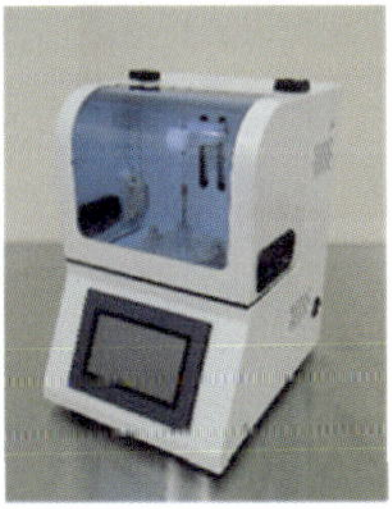

**遠心分離装置**

**課題の解決策**

①学会等への参加と、情報収集（自己認識を含む教育訓練）
②薬事申請方法の理解
③販売ルートの確立

## (2) 薬事規制等への対応

**概要**

薬事の業許可や承認等は何も持っていなかったが、薬事申請に先立ち、2年で医療機器製造業（いわゆる一般区分の製造業）、第2種医療機器製造販売業の許可を取得した。

また、医療機器の国際規格であるISO13485（医療機器の品質マネジメントシステムに関する規格）の認証、管理医療機器販売業の許可も取得した。

産学連携事業を通じて、薬事行政を司る部署の人と知り合い、薬事情報の収集と教授を願った。また、日本医療機器産業連合会（医機連）の各種講習会、セミナー等に参加するとともに、他社の薬事担当者から既存の薬事関連情報等を得るように努めた。

**承認品目等**

①製品名：疑似血液（理化学機器）
開発に要した時間：開発から1年。

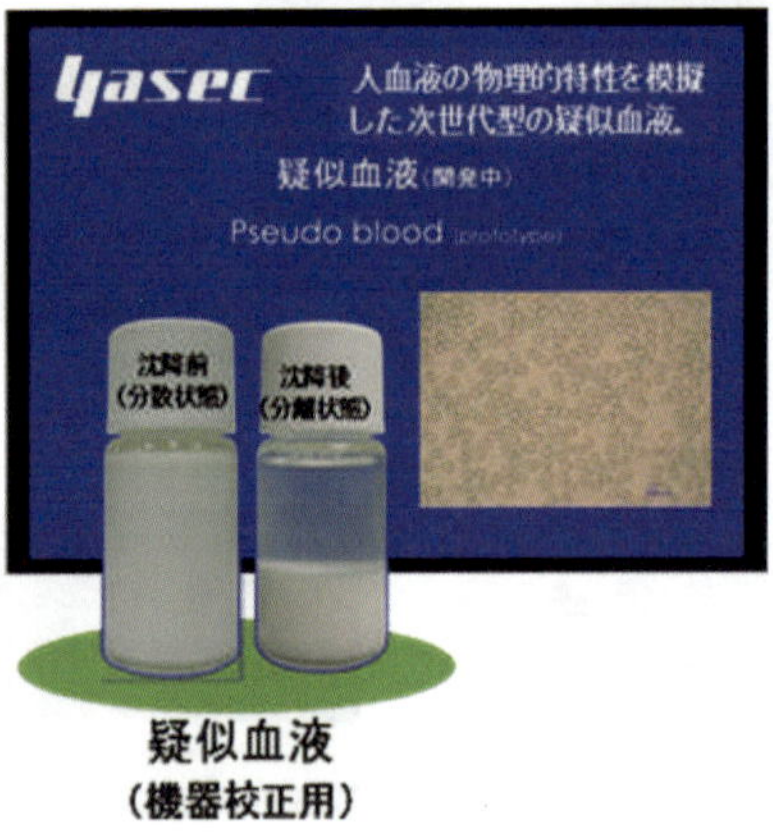


図2　疑似血液

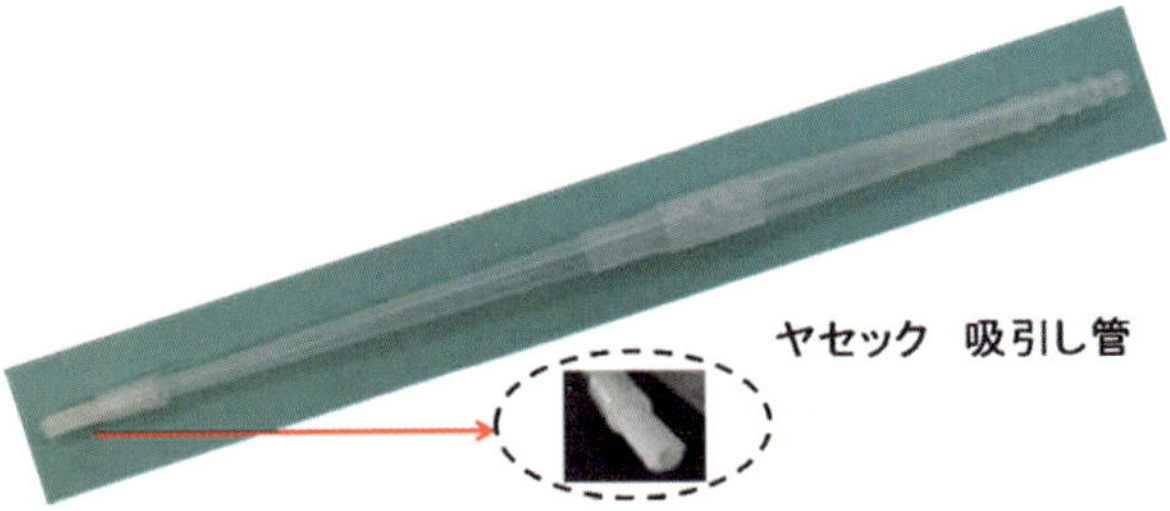


図３　吸引嘴管

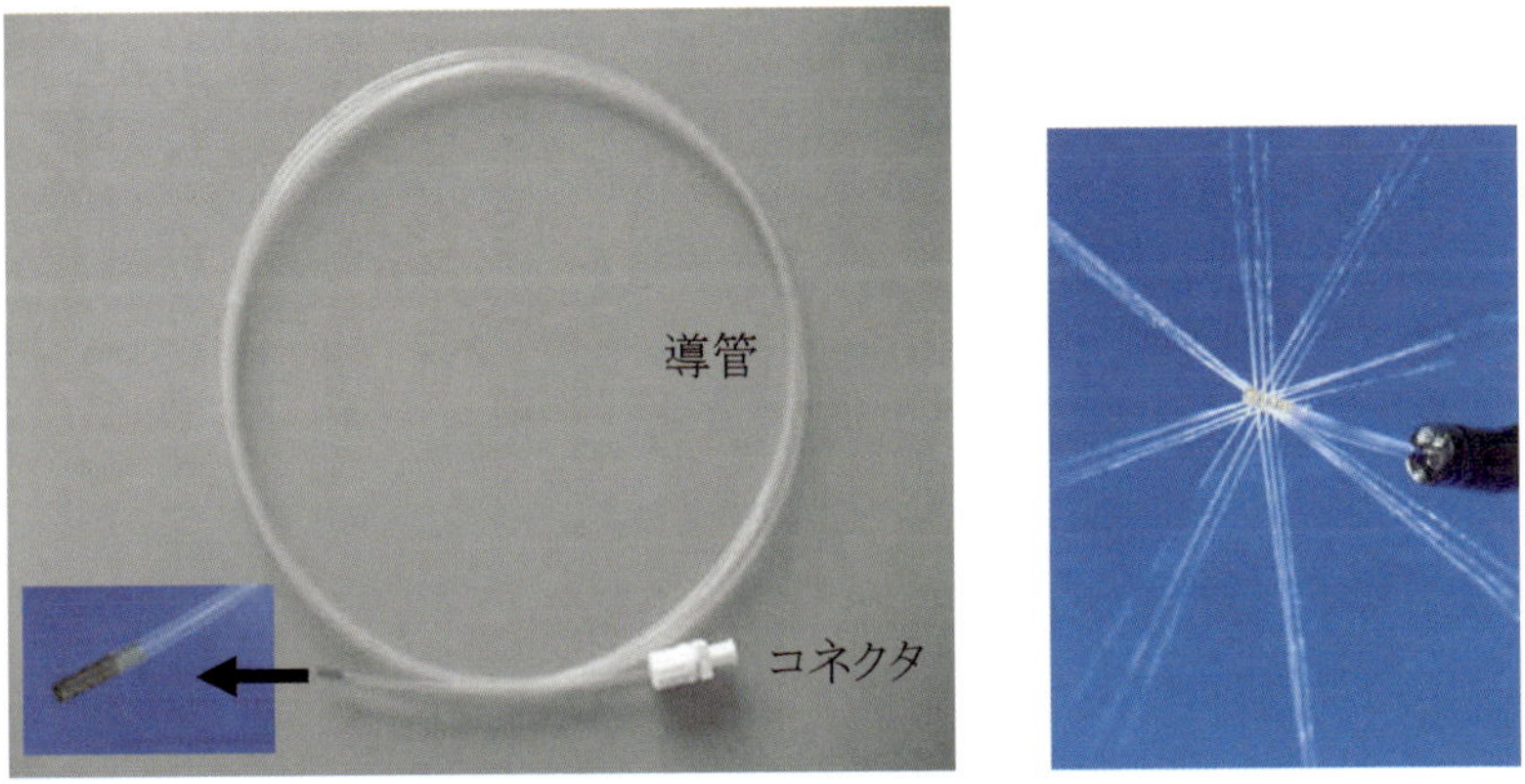


先端部（ノズル）

図４　エンドシャワー（洗浄吸引カテーテル）

②製品名：ヤセック吸引嘴管

一般的名称：単回使用汎用吸引チップ（クラスⅡ、認証品目）

認証に要した期間：開発から１年５か月。平成23（２０１１）年10月認証。

③製品名：エンドシャワー

一般的名称：自然開口向け単回使用内視鏡用非能動処置具（クラスⅠ、届出品目）

承認に要した期間：開発から約３年。平成24（２０１２）年12月届出。

いずれも、施設・設備費、薬事申請データの作成、申請費等を除くと、ほとんど補助金事業で実施できた。

先生方の要望をヒントに、試作可能性の検討から開始し、実物を提示し、これに改良を加えて製品化に至る。

## 承認等への対応

仕様等を予め明確にするとともに、低いクラス分類での申請を目指した。また並行して承認等に必要なデータも予め確認・検討した。セミナー等を通じて知り合った審査関係者や他社の医療機器の開発技術者のアドバイスに従って行なったものである。

なお、申請書類等の作成は、申請予定1か月前ぐらいから集中し、作成した。認証審査に際しての課題は、審査側からの指摘事項に対する回答・対応と薬事申請する医療機器のクラス分類の決定である。

指摘事項への対応としては、審査官からの指摘が想定範囲に収まるような書類等の作成に努めるとともに、1週間以内に回答をするように努めた。

2番目の品目は、医師と事前相談し、最終目的の使い方と異なる低いクラスで薬事申請した。最終的には、ＮＯＴＥＳという低侵襲内視鏡手術に使用するデバイスとするのが目的である。ＮＯＴＥＳとはNatural Orifice Translumenal Endoscopic Surgery の略で、「経管腔的内視鏡手術」と訳される。

製品試作中は、大学関係者と動物実験を繰り返して、最終形状とした。

また、申請書は、関係者全員に薬事申請の意識を持たせるため回覧し、内容の確認を行なった。

## 製造販売業と製造業の許可

①第2種医療機器製造販売業許可を取得。取得に要した期間は約2か月。かかった費用は、相談時の交通費程度。

②医療機器製造業（一般区分）許可を取得。取得に要した期間は約2か月。かかった費用は、薬事法で規定された設備への改築と相談時の交通費程度。

③管理医療機器販売業許可を取得。取得に要した期間は約1か月。

社内に「薬事課」という部署を設置し、滋賀県の外郭団体の助言を得て、薬事対応を行なった。また、セミナー等を通じて県の薬事担当者と懇意になり、様々な確認、意見等を得るように努めた。

業許可取得に際しての最大の課題は、当初、知識や情報不足により書類手続きが全くわからなかったこと。提出書類の様式等は、明確であったが、細部の記載方法に関するマニュアル等がなく大変であった。

製造業、製造販売業等の届出案を作成し、直接、県の薬事担当者を訪問し、提出前に、事前指導を得た。

### 医工連携

医師／医療機関との連携：あり。産学官連携の医師と中核機関の担当者の協力を得て、試作品の動物実験等を行ない、デバイスの最終形状を決定した。

工学研究者／研究機関との連携：あり。試作について理工学部の先生方に相談し、実施方法等の助言をいただいた。

### 販売

販売経路のことを想定していなかったため、製品化後、医療機器販売業の許可を得て販売を行なおうとしたが、医療産業では、既存の組織体制が出来上がっており、どのような経路で販売すれば良いのか、不確かとなり、改めて販売体制を考えることになった。

医療機関の製品購入体制を理解していなかったため、販路体制等に関する知識も情報も不足していたことが原因である。他社の医療機器営業マネージャー等に相談し、現実の医療機器の販売体制等の教授を願った。

総代理店等は、地区毎に変える必要がある等、卸業界の体制を掴むのに、時間を要した。

それで製品化後、販売経路を開拓することとなり、販売を援助してくれる代理店と相談を繰り返し、最終契約を締結した。

販売体制の必要性を痛感しているところである。

## (3) ＰＬ・保険収載・海外展開等

### ＰＬ（製造物責任）

ＰＬに関する情報収集を図るとともに、リスク分析面から問題点の把握を行なった。

ＰＬ保険への加入は検討したが、持っているのがクラスⅡまでの医療機器（一般医療機器、管理医療機器）であるということで、現状加入していない。

生体に触れる部材（ナイロンやポリプロピレン）の供給で問題が生じた。

部材の購入時に、医療機器に使うということで交渉するとともに、生物学的安全性等は、別途確認することを説明し、了解を得た。

生体に触れる材料は、大手の原材料メーカーは、なかなか提供してくれない。このため、間接的に導入する以外、手に入れることができない材料が存在するのが現状。

### 保険収載

製品は、保険のきく診療報酬中の手術の術式に包括されるデバイスであるが、保険収載はされていない。

### 海外展開

海外展開を予定している。海外のマーケティングサイズを確認中であり、導出は、大阪商工会議所等の協力を得て実施する予定である。

海外展開に際して直面した課題は、海外導出先の規制情報等の収集不足と導出体制の構築であった。様々なセミナー等に参加し、情報収集に努めている。

## 事例10　時代を変える、ものづくりを変える

# Ｊ　Ｍ　Ｃ

### 会社概要

商　　　号：株式会社ジェイ・エム・シー（ＪＭＣ）
所　在　地：神奈川県横浜市港北区
代表取締役CEO：渡邊大知
会社設立年：1992（平成４）年12月
医療機器への参入時期：2012（平成24）年頃
資　本　金：6,300万円
従 業 員 数：32人
主 要 製 品：アルミニウム鋳物、樹脂製品の製作

売　上　高：６億1,800万円（2012年度）
医療機器関連事業の売上高：3,500万円（事業全体売上げの約５％）
医療関連機器への参入形態：医療関連の製品製造業者として
薬事認可取得状況：なし
医療関連製品・技術：生体に近い臓器や血管モデルの製造（手技練習用）
海 外 展 開：予定あり

## (1) 医療関連機器への参入

### どんな会社

先端の光造形技術と伝統の鋳造技術を融合させ、革新的なモノづくりをしている会社。自動車部品から医療機器部品まで幅広く、試作品から少量／量産品まで手がけている。

### 参入のきっかけ

2008（平成20）年のリーマンショックのときに、鋳造事業の売上が急激に落ちてしまった。

設立当初より、光造形工法による人体の頭蓋骨モデル作成ビジネスを手がけており、また医療分野は景気の影響を受けにくいことは知っていたので、骨だけでなく臓器や血管などの軟組織にまで幅を拡げることにした。

### 参入のベースとなった技術

光造形など光造形工法を利用したモデル作成技術。会社設立当初より、患者のCT（コンピュータ断層撮影）データからの頭蓋骨作成を行なっており、ほかの

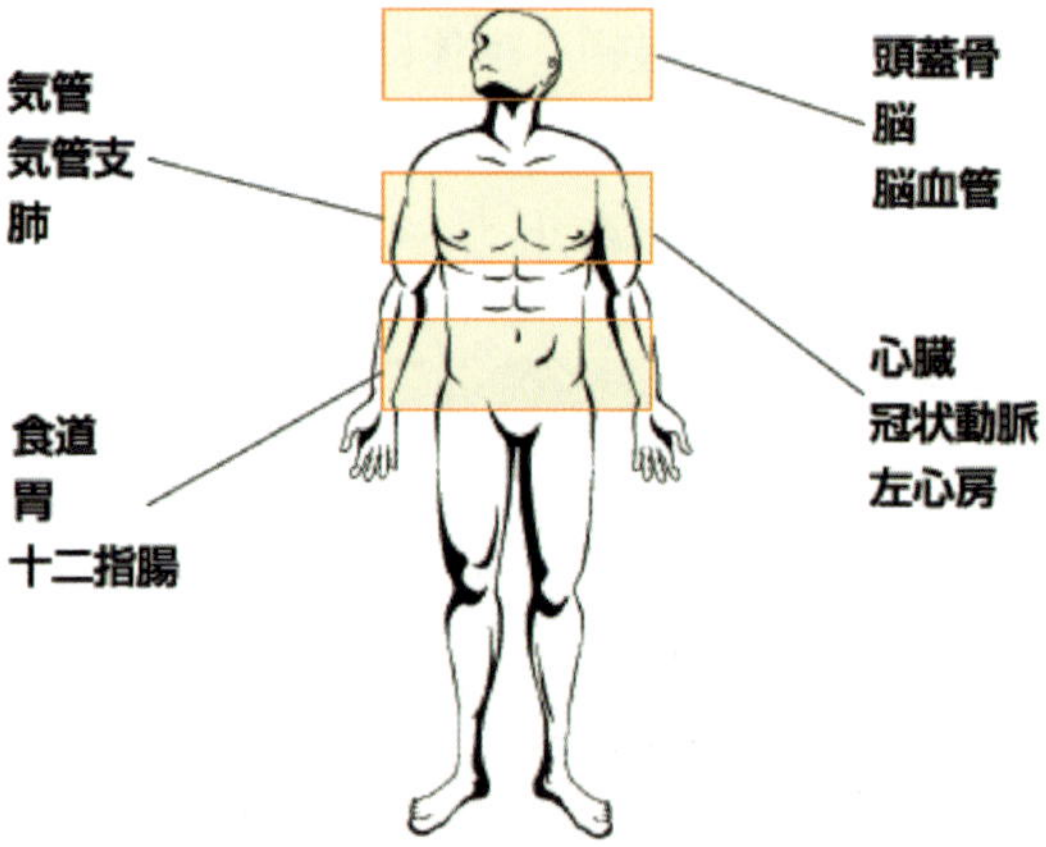


図1　モデル作成部位

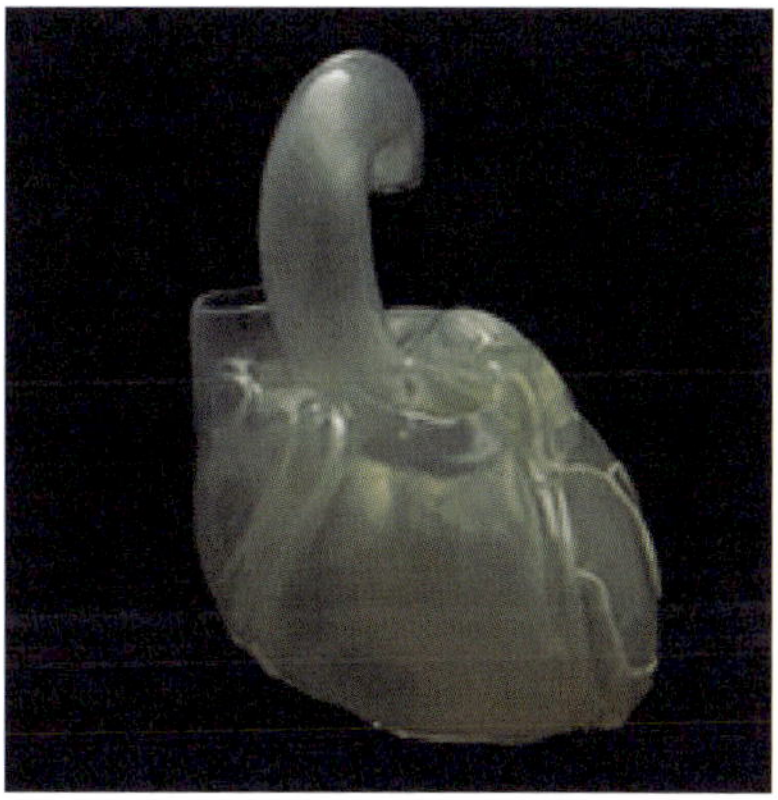

図２　心臓モデル（光造形品）

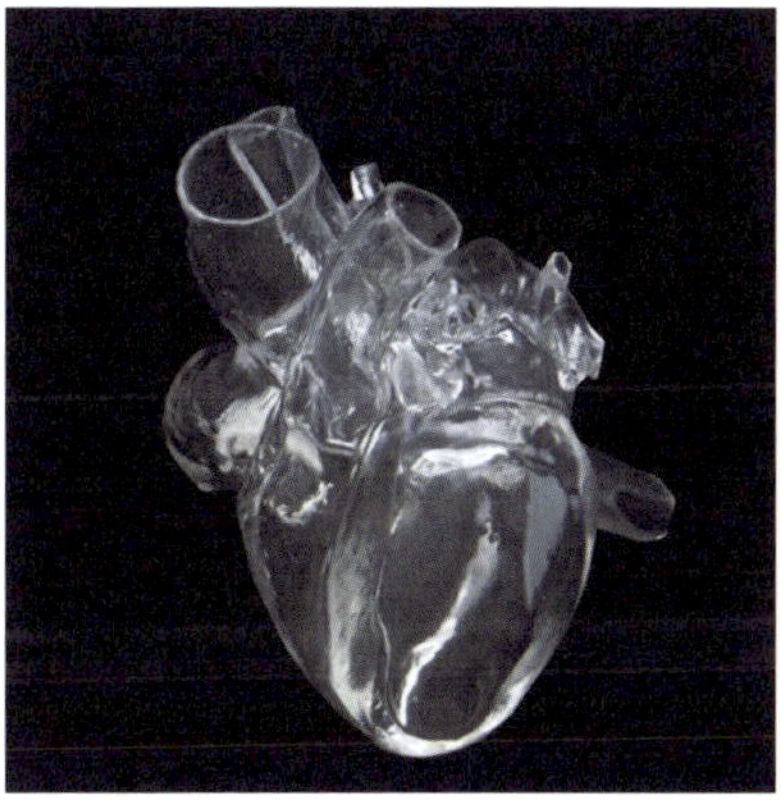

図３　心臓モデル（シリコーンゴム）

臓器等医療モデル作成にも利用できると判断した。

頭蓋骨モデルは、頭蓋骨のインプラントを製作しているメーカーに販売している。患者のＣＴデータからオリジナルの頭蓋骨モデルを製作し、インプラントの型とすることで、形状にフィットした製品を製作することができる。

### 参入に向けての社内体制の取り組み

実際に営業人員１名と製造人員１名を割り当てた。以前より頭蓋骨ビジネスをマネジメントしていた代表取締役がサポートにまわった。

### 参入時の課題と対応

それまでは、固いもの（頭蓋骨）の作成だけだったが、軟組織を製作する場合の素材選択が困難であった。

そのため、以前はすべて外注先にお願いしていたシリコン注型技術を自社内に取り込むこととした。

自社に取り込むことで、コストも約半分に圧縮できた。また、自社内でやることでサンプル作成やトライ品など幅広く対応できるようになった。

## (2) 薬事規制への対応

### 製品承認・業許可等について

手技練習用等のモデル作成なので、業許可は必要なかったが、関連情報については、これまで取引のあった医療機器メーカーの担当者から伺った。

### 医工連携

〈医師／医療機関との連携〉

腹腔鏡トレーニングモデルについては、獨協医科大学の泌尿器科の先生にアドバイスをいただいた。有料での依頼だが、すべて神奈川県の助成金対象となった。

解剖学的な知識については、神奈川歯科大学の解剖学教室の教授にお願いした。こちらも横浜市の助成金対象となった。

当初は、医学的知識（解剖学）が乏しく、医師との打ち合わせで、何度も相手をイライラさせてしまった。特にこの業界では、略称（例えば「上大静脈」を「ＳＶＣ」というなど）が多く、覚えるまでは苦労した。ただし、一度覚えてしまえば、説明しなくても話が通じるということで、医師からも医療機関からも喜ばれている。

〈工学研究者／研究機関との連携〉

医療事業以外での横浜国立大学との繋がりが強かったので、医療事業についてもアドバイスをいただいている。また、神奈川県産業技術センターの担当者にもアドバイスをいただいている。いずれも無料。

### 販売

これまで光造形事業で、多くの医療機器メーカーとの取引があった。基本的には、普段取引している担当者に臓器モデルの案内を行なうことで、販路が拡がった。また、各医療関係の展示会に、行政の支援を受けながら出展して、医療機器メーカーと医療機関の方との繋がりを持てた。

販路開拓の開始時期は２０１２（平成24）年２月。まずは「モノロイド monoroid」（唯一の mono ＋人造人間 android の造語）というブランドを作成して、ホームページでの告知などを行なった。

販路開拓に際しての課題は営業人員の不足である。動物の使用禁止に伴って、人工物による手技トレーニングに対するニーズが急激に強くなっており、市場の拡大が見込めるのに、営業人員が足りていない。国内、海外に対する販促をどうかけていくのかが課題。英語に堪能な学生を採用し、教育マニュアルも同時に作成するなどで対応はしているが。

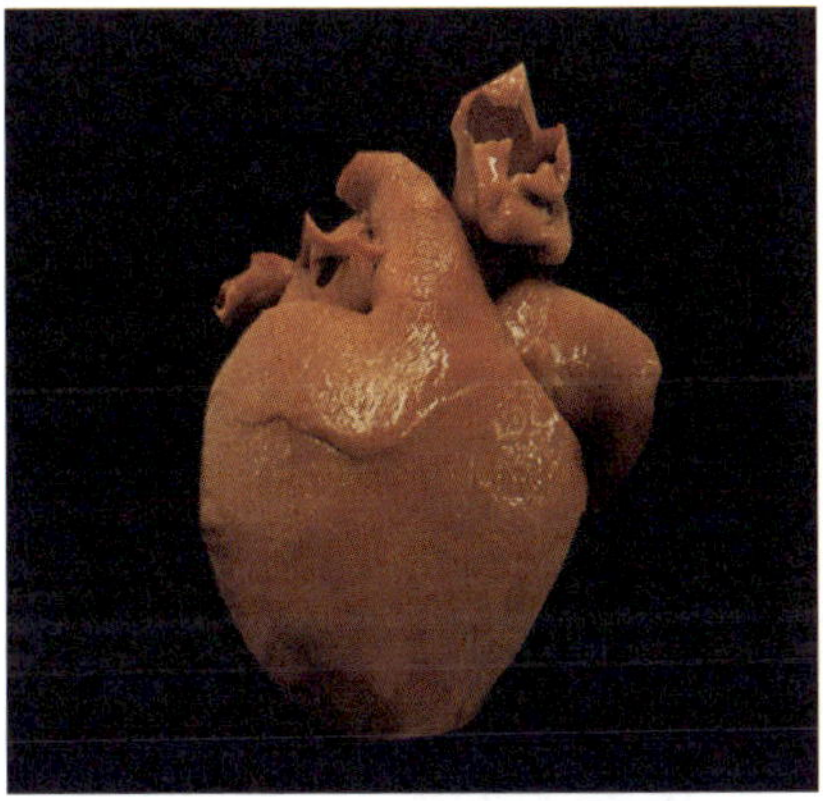

図４　心臓モデル（ポリビニールアルコール）

### (3)　PL・海外展開

**PL（製造物責任）**

自社にとっては、初めての自社製品になるので、製造物責任に関するリスクを調べた。

PL保険には少額だが、加入している。今のところPL問題は生じていない。

**海外展開**

海外展開（海外販売）の予定あり。

２０１１（平成23）年11月、MEDICA（デュッセルドルフ）に出展、２０１２（平成24）年２月、MD&M WEST（アナハイム）に出展、２０１２（平成24）年11

月、COMPAMED（デュッセルドルフ）に出展。

ホームページについても、英語バージョンも作成し、海外へのアピールを強めている。

海外展開に際しては、横浜市の海外進出助成を受けて、英語に詳しいコーディネーターのサポートを受け、資料の翻訳や通関に関するアドバイスなどもらっている。

図５　海外展示会の様子（COMPAMED2012）

最近では、海外からの引き合いが非常に多くなっている。すべてに共通するのが、とにかく仕事のペースが早いということ。少しでも見積が遅ければ、矢のような催促がくることがある。日本の中小企業に一番足りないのはそこではないかと感じている。

## 事例11　製品を通して、人と人、企業と企業をつなぐ

# 東海部品工業

### 会社概要

商　　　号：東海部品工業株式会社（とうかいぶひんこうぎょう）
所　在　地：静岡県沼津市
代表代表取締役社長：盛田延之
会社設立年：1947（昭和22）年
医療機器への参入時期：2004（平成16）年
資　本　金：1,500万円
従業員数：100人
主要製品：六角ボルト、精密ネジ、マイクロネジ、手術用器具、インプラント製品の製造
技　　　術：金属精密加工技術
売　上　高：18億円（2011年度）
医療機器関連事業の売上高：１億5,000万円（事業全体売上高の８％）
医療機器への参入形態：医療機器製造業者として
薬事認可取得状況：第１種医療機器製造販売業許可、医療機器製造業許可、動物用第２種医療機器製造販売業
医療機器製品：①手術用器具、②インプラント製品
海外展開：なし。情報収集中。

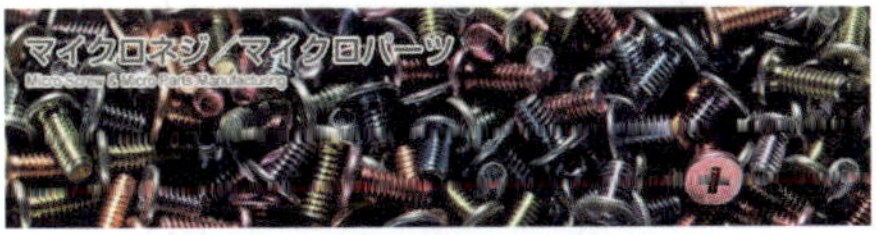

## (1) 医療機器への参入

### どんな会社

整形インプラント分野の市場規模は現在２５００億円程度であるが、高齢者数の増加に伴い今後とも着実に市場が拡大していくことが見込まれている。このため、市場参入を試みる企業は少なくないが、欧米で学んだ整形外科医が帰国して普及し始めたこともあり外国系の企業が市場の90％近くを占有している。

東海部品工業は、自動車用ねじのメーカーとしてはトップクラスの企業である。しかし、自動車用のねじは同業他社との価格競争も厳しく、より付加価値の高い分野への進出が社の課題であった。このため、ハードディスク用、携帯電話用のマイクロねじや電装関連部品などのマイクロ部品へと事業の幅を広げている。

そして、盛田社長が偶然会った他社の社長から投げかけられた話をきっかけに医療用のねじを手がけた。チタンという今まで手がけたことがない材料の加工についても、工作機械の見本市で目にした加工機の購入を即決で決めるなどトップの果敢な判断もあり、現在では、64チタン材などによる医療用ねじ及び医療機器向け部品を製造している。

東海部品工業の医療機器への参入で注目すべきことは、自動車用で培ったねじの製作という技術を武器に精密ねじ、次いで医療ねじの分野に進出していることである。自社のコアである技術を見据えた着実な技術の横展開である。チタン材の加工は手がけていなかったが、ねじの加工については経験豊富な技術者が存在していたことである。チタン材の加工についても、ねじの加工機の調達など通じて工作機械メーカーとも関係が深く、チタン材の加工機の購入についても加工機メーカーとの信頼関係があったから社長が即断したと考えられる。

次に、注目すべきことは、販売を整形外科分野で経験が豊富な販売会社に任せていることである。この販売会社は少数精鋭の企業であり、整形外科医とも密なコンタクトがあるようである。医療機器の事業では、販路の確保が極めて重要であるが、一般的には、医師は学会等で広く認知されている医療機器を使用する傾向があり、販売会社も絞っている傾向があるため、新規の販売会社が医師にコンタクトすることは難しいと言われている。東海部品工業はこの点を経験が豊富な販売会社との連携により見事に解決している。

最後に、自動車用のねじの経験が豊富とは言え、医療用ねじには特有の課題もあるが、東海部品工業は、技術の蓄積が乏しいところは、謙虚な姿勢で、独立行政法人産業技術総合研究所（産総研）、地元の高等専門学校などのその分野の研究者や専門技術者の指導を仰いでいることである。また、医療についても販売会社からの情報とは別に、地元の整形外科医や指導を仰いだ研究者の紹介で医師の話を聞いていることである。

コア技術の横展開、販売会社との連携、自社にない技術は謙虚に教えを乞う、この3つが東海部品工業で注目することと思われる。

## 参入のきっかけ

東海部品工業は、自動車やオートバイねじ専門メーカーとして業績を伸ばしてきた会社である。ねじは「産業のコメ」とは言われているが、製造は基本的に全て下請けで、それだけ作っているだけでは一般の人々からはあまり感謝されないという実状があった。一方、ねじは自動車以外にも展開できる可能性が大いにあることから、自動車以外の分野への進出に取り組み、ハードディスク駆動装置に利用する「マイクロネジ」の製造、さらには医療用インプラントや手術器具の製造にも参入した。

２００３（平成15）年のある日、社長のかかりつけ医の「指の関節用の医療ねじでチタン製のものがあれ

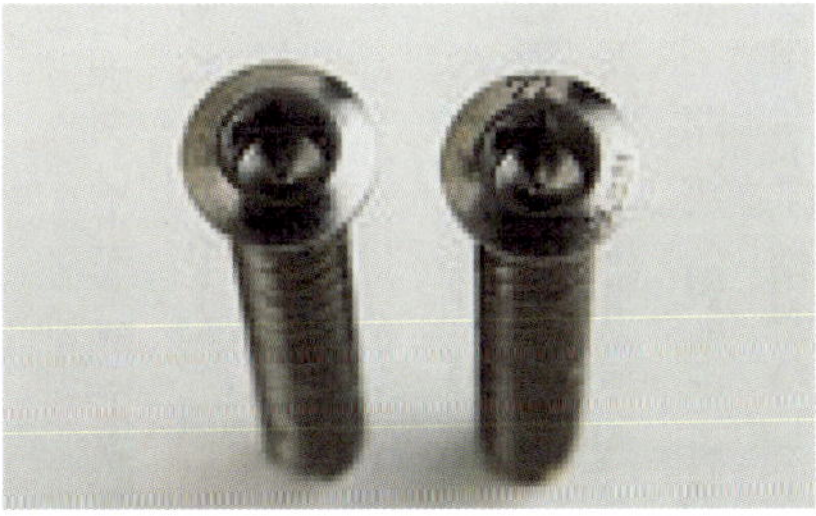

図1　医療用のネジ
（ロットナンバー印字前／印字後）

ばいいのだが」の一言で、社長はすぐ近所の病院や保健所に行って医療ねじについて教えを受けた。また、工業試験場内のインキュベーション施設に入っているベンチャー企業を見学させてもらう。あまり熱心に聞くものだから、その企業の社長から「一度作ってみてよ」と図面を渡されたという。

工場長は、「朝、病院に行ったはずの社長が夕方に何故か図面を持って帰ってきた。事情がわからず、とりあえず、試作を始めてみたら、その一週間後には社長が量産の注文書をもらってきてしまった」という。

医療用部品、工具は素材から削りだすことを要求される。冷間鍛造技術しかなかった同社は量産用切削設備がなく、急遽、設備を探し始めた。たまたま行った工作機器の見本市でC社の工作機械を知り、加工条件を問い詰め、使えそうだと判断し、即座に購入を決めた。チタンは非常に燃えやすい金属で、当初は購入した機械をまともに使いこなすことができなかったが、購入機械のメーカーに依頼して使い方の研修をしてもらい、量産できるようなところまで設定してもらったので立ち上がりは速かった。

そして同年、天城工場にチタン事業部を立ち上げ、医療機器の研究、開発、製造に着手した。事業立ち上げ3年間は赤字続きだったが、4年目からようやく軌道に乗った。

### 参入に向けての社内体制の取り組み

２００３（平成15）年、天城工場にチタン事業部を立ち上げ、医療機器の研究、開発、製造に着手した。天城工場はハードディスク用などの精密ねじ生産の先端技術が蓄積されているので、それをベースに医療機器用の切削技術が上乗せ可能であった。２００４（平成16）年から２００８（平成20）年にかけて医療用具製造業、第1種医療機器製造販売業、動物用第2種医療機器製造販売業の許可を取得した。２００６（平成18）年には医療機器の品質保証規格ＩＳＯ１３４８５を取得した。

### 参入時の課題

医療用部品、工具は素材から削りだすことを要求される。冷間鍛造技術しかなかったため、量産用切削設備が無く、急遽、設備を探し始めた。

### 課題に対する解決策

見本市でC社の工作機械を見、加工条件を問い詰め、使えそうだと判断し、即座に購入を決めた。工作機械が来るとすぐに量産できるようなところまで設定してもらった。

## (2) 薬事規制への対応

### 承認品目等

①製品名：ジョイアッププロキシマルフェモラルネイルシステム

一般的名称：体内固定用大腿骨髄内釘（クラスⅢ）

製品の承認に向けては、届出および認証の申請をマスターし、承認申請については、外部の承認申請経験した人の指導を仰ぎ、また独立行政法人医薬品医療機器総合機構（ＰＭＤＡ）の相談会にも出席した。

承認に要した期間は1年7か月、かかった費用は約３０００万円。承認審査に際しての最大の課題は、審査官からの指摘に対し回答の方法がわからない点が多くあったこと。その都度、外部の協力者やコンサルタント等に指導を受けたが、とにかく時間がかかった。また、強度試験等の比較データの提出を求められ、試験機を導入し、社内で他社製品との比較試験を行なったが、その比較した結果をどのように記載すればよいかわからず苦労した。

現在、薬事担当者を1名育成中でほぼ一人前になりつつある。外部からの協力では、薬事コンサルタントなどに依頼して申請書類の支援を受けた。また、産総研の研究者や受注先である販売会社の薬事担当者の指導も受けている。

②製品名：ＱＱセーバー

一般的名称：間欠強制換気補助人工呼吸器回路（ク

ラスⅡ）

２００９（平成21）年、事故や自然災害で自発呼吸ができなくなった患者に対して容易に自発呼吸が行なえる呼吸補助器具「ＱＱセーバー」を東海大学との産学連携で開発した。静岡県内で医療機器の開発を共同で手がけていたグループが途中で断念していたが、その後、改めて商品開発の継続を依頼されて東海部品工業が開発を引き継ぐことになった。こうして完成したのが、「ＱＱセーバー」と人工呼吸器用マスク「フィットマスク」（クラスⅠ）である。これは静岡県ファルマものづくり構想の第一号商品となった。

「ＱＱセーバー」は自動体外式除細動器（ＡＥＤ）とともに、学校、運動施設、その他公共施設への設置、普及を目指していている。

③製品名：Ｊパルス

一般的名称：整形外科用洗浄器（クラスⅡ）

本品は主に整形外科手術において、小骨片や異物等の洗浄除去、骨折面の洗浄等に使用される装置。

④製品名：直腸脱気チューブ

一般的名称：直腸用チューブ（クラスⅡ）

前立腺癌の放射線治療時に使用される。治療の最大の障害である前立腺の位置変位の最大原因である「直腸内のガス量増加」を低減する目的で、直腸内に挿入される。

### 製造販売業、製造業

業許可申請業務は、社内で従来から医療関係の業務を担当した者が対応した。取得に要した期間は、約6か月。建物内装費用、棚の設置、コンサル料などで約1000万円かかった。業許可取得に際しての最大の課題は、安全管理業務や品質保証業務の規定や手順書の作成であった。コンサルの指導を得ながら内容の理解から入り、完成まで多くの時間を要した。静岡県薬事機動班には何度も出向いて不明点等の話合いを行ない進めた。

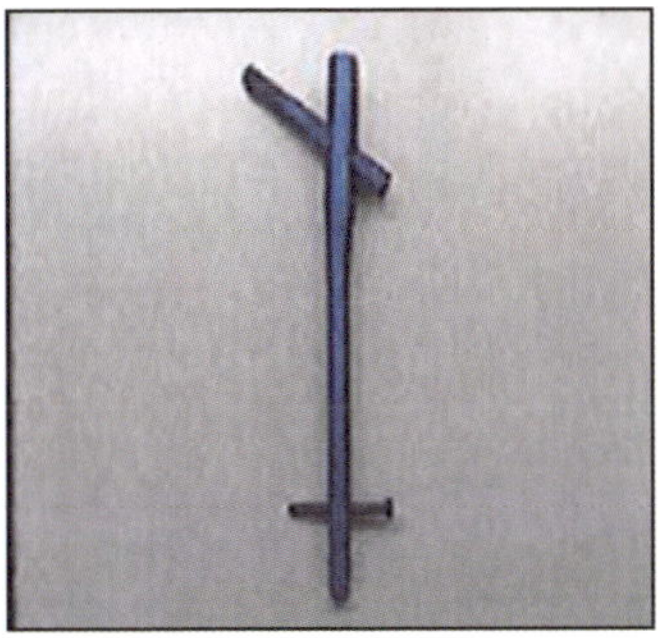

①製品名：ジョイアッププロキシマルフェモラルネイルシステム

②製品名：QQ セーバーとフィットマスク

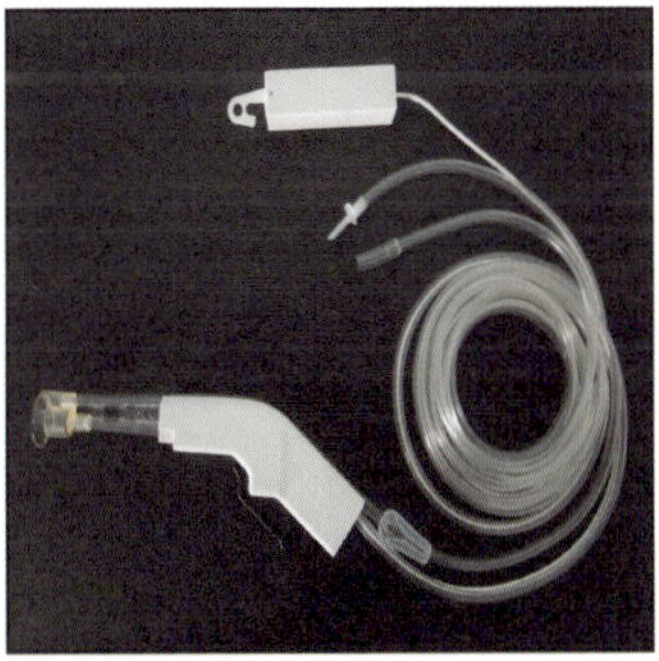

③製品名：Ｊパルス

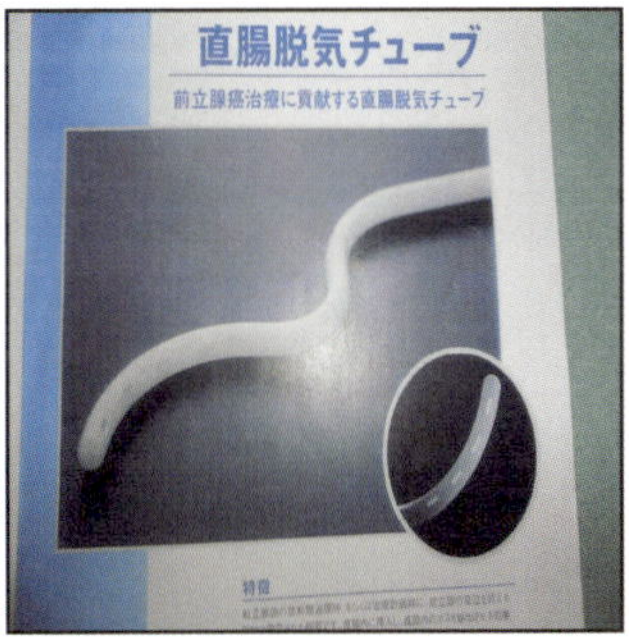


④製品名：直腸脱気チューブ

⑤その他：頭蓋骨用ネジ

図２　東海部品工業の医療製品

### 医工連携

医療用材料関係、インプラント材の製造指導、製品承認等については、産総研の研究者の指導を、また、インプラントの用法は整形外科の大学教授等の指導を受けたほか、静岡県ファルマバレーセンターや医療コンサルタントの助言を受けた。

### 販売

販売会社Ａ社とは製品開発の段階から協働しており、販売もすべてＡ社にお願いしている。自社で営業マンを育てるのは難しい分野であり、整形外科分野の販売に詳しい会社からの協力がないと無理と考えている。

## (3) PL・保険収載・海外展開等

### PL（製造物責任）

ＰＬ保険には加入しているが、今のところ問題は生じていない。

### 保険収載

大腿骨骨折治療に使用される材料費が収載されている。

### 海外展開

希望を持っており、現在情報収集中である。

## 事例12　ばねの力で世界に貢献

# パイオラックス

**会社概要**

商　　　号：株式会社パイオラックス
本社所在地：神奈川県横浜市保土ヶ谷区岩井町
代表取締役会長：加藤一彦
代表取締役社長：島津幸彦
会社設立年：1939（昭和14）年９月
医療機器への参入時期：1995（平成７）年頃
資　本　金：29億6,000万円
従 業 員 数：2375人（連結）
主 要 製 品：各種ばね、金属および合成樹脂ファスナー等
売　上　高：465億円（2011年度連結）

…………………………………………………………………………

商　　　号：株式会社パイオラックスメディカルデバイス（パイオラックスの子会社）
資　本　金：３億円
医療機器事業の売上高：28億円（連結事業全体売上高比率６％）
従 業 員 数：160人
医療機器への参入形態：自社開発品の製造販売業として
薬事認可取得状況：第１種製造販売業許可、医療機器製造業許可
医療機器製品：各種ガイドワイヤー、カテーテル、ステント、エンボリコイル、脳外科用プレート類（クラスⅣ）
海 外 展 開：欧州、インド・アセアン

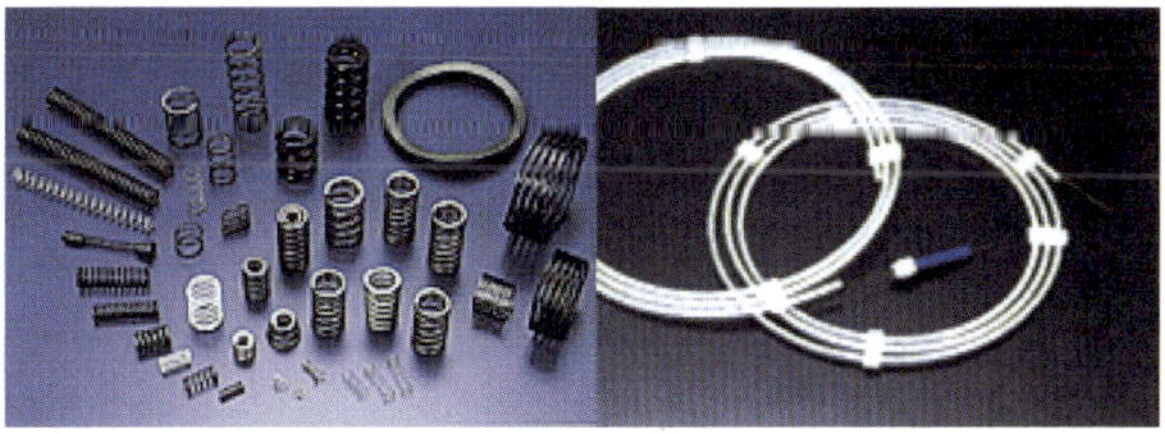

## (1) 医療機器への参入

### どんな会社

パイオラックスは、1939（昭和14）年、金属ばねの製造販売会社として設立。その後、合成樹脂の弾性材料を応用した工業用ファスナーを製造販売、さらに、金属と合成樹脂を組み合わせたユニット機構部品の製造し、世界の自動車メーカーに供給。海外8か国、10拠点で製造販売している。

### 参入のきっかけ

自動車関係の売上高が97%と高かったため、自動車以外の市場に参入し、経営の安定化を図ろうと考えた。自社の得意とする技術を活かせる商品分野を検討した。その結果、

①金属や合成樹脂などの弾性材料の応用技術、設計技術

②ばねなど高強度金属の加工技術、合成樹脂の射出

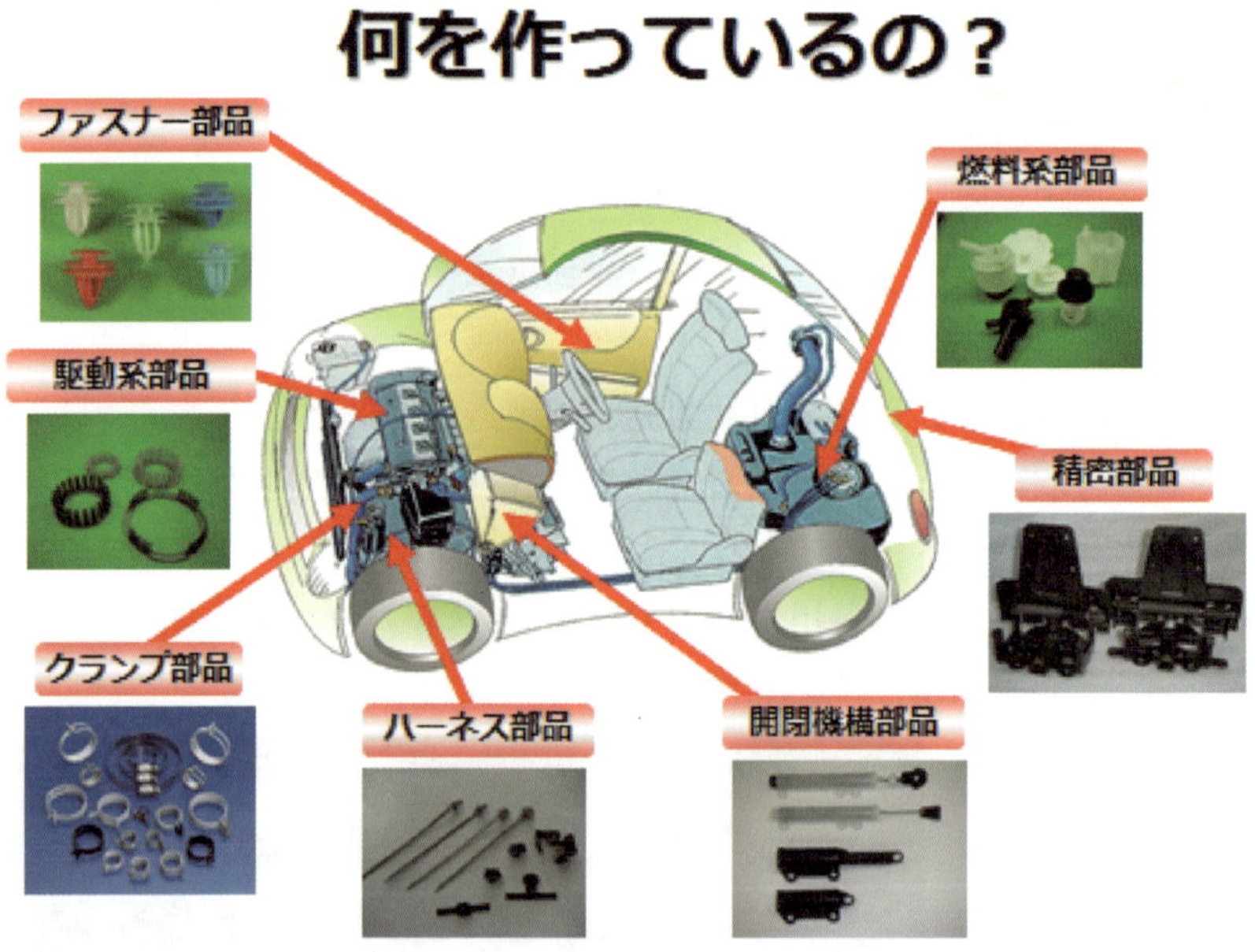


図1　業界トップシェアを誇るパイオラックスの自動車関連部品

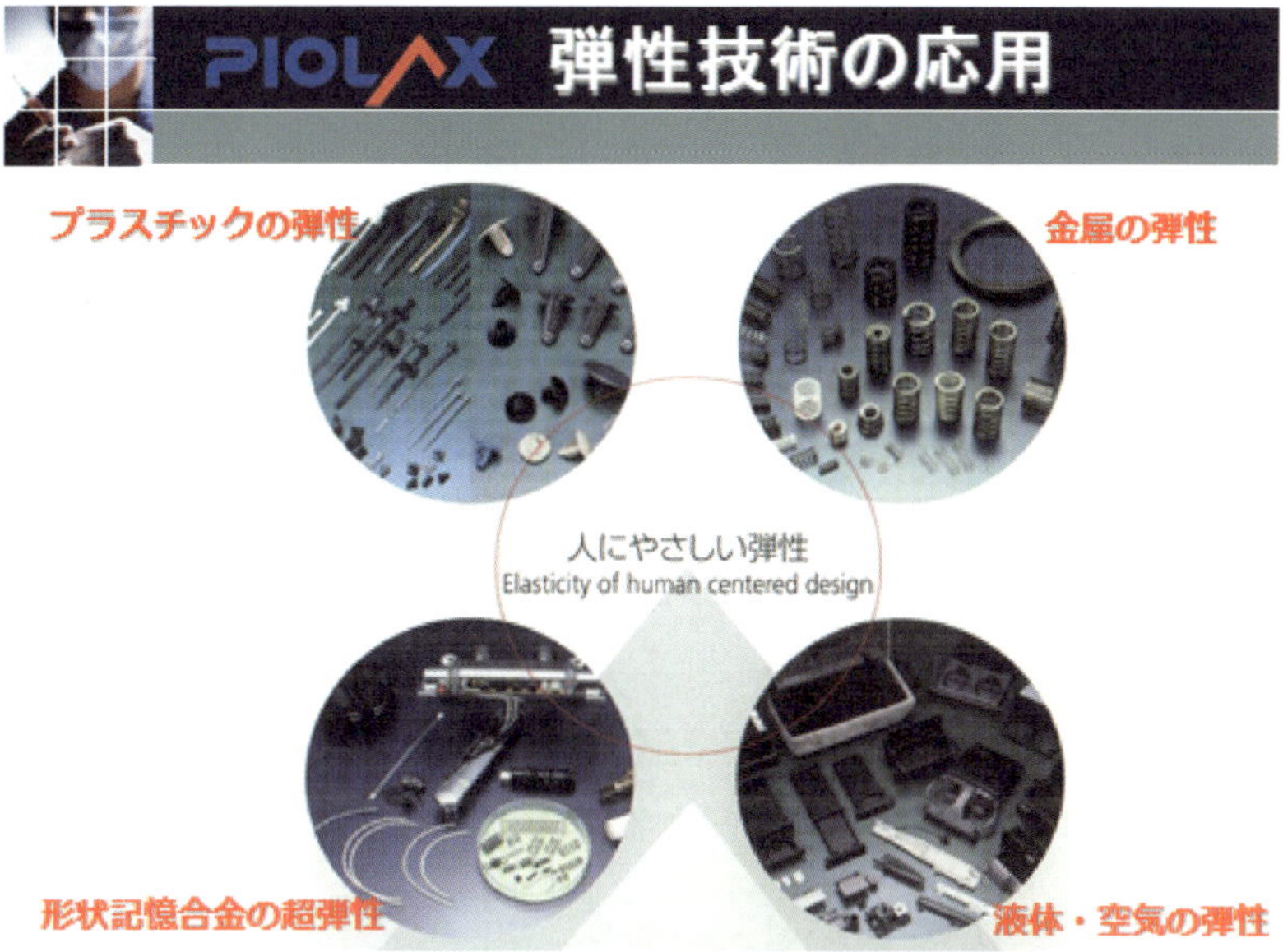


図２　弾性技術の応用

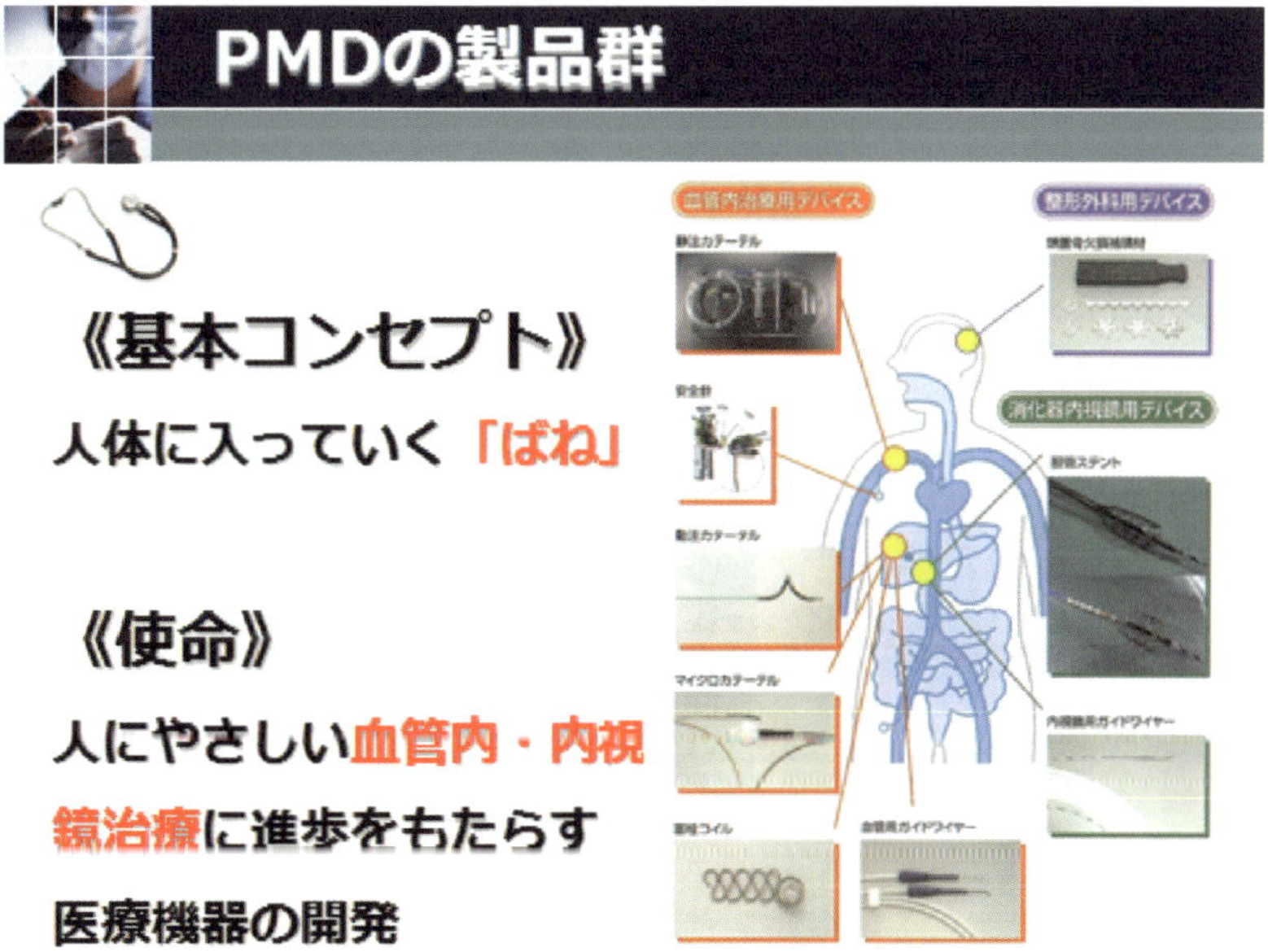


図３　パイオラックスメディカルデバイスの製品群

成型、押出成型および接着技術が、医療分野に応用できると判断した。ガイドワイヤーやステントなどは、人間の体内で働く弾性体「ばね」であり、自社のコア技術を活かすことができた。

### 参入に向けての社内体制の取り組み

①「開発チーム」を作り、そこで医療への応用と参入可能性の検討と試作を行なった。
②「開発チーム」から「医療機器事業部」に昇格、医療関係の人材を採用した。
③事業部内の組織は、営業、薬事、開発、品質保証、製造すべての機能を整備した。外部からのプロの人材確保も行なう。
④事業の見込みがつかめた後、分社し独立採算をめざした。

### 分社化の背景

医療機器の製造販売は、薬事法に則り管理運営しなければならない。従来の自動車業界の管理システムとは大きく異なり、同じ企業内での運営が困難と判断。さらに、迅速な経営判断が求められることも考慮して、医療専門企業として子会社であるパイオラックスメディカルデバイスを新たに設立した。

### 参入時の課題

薬事・医療機器に関する知識不足、ノウハウ不足が大きかった。それを補うための人材確保、特に薬事と営業、品質の経験者の採用が課題であった。

また、デバイスに欠かせない親水性コーティング技術が無かった。

### 課題の解決策

人材会社、口コミによる人材確保。
米国からの親水性コート技術の導入。

## (2) 薬事規制等への対応

### 概要

医療機器への参入当初は薬事の業許可などは持っていなかったが、1997（平成9）年5月、国際規格のISO13485（医療機器の品質マネジメントシステムに関する規格）とISO9001（品質マネジメントシステムに関する規格）を取得。また、医療機器の薬事経験者を採用するなどして情報収集をし、1999（平成11）年7月1日、製造業の許可を取得した。製造業許可は、改正薬事法の施行に伴い、2005（平成17）年4月5日、みなし番号を取得し製造販売業として継続。

### 承認品目等

製品名：パイオラックス親水性ガイドワイヤー（製造販売業者：パイオラックスメディカルデバイス）

一般的名称：心臓・中心循環系用カテーテルガイドワイヤ（クラスⅣ）

承認に要した期間：約5か月

かかった費用：審査手数料6万9600円（商品一件当たりの国の定めた審査料）。ただし、申請に必要な安全性評価や各種試験費用は数百万円かかっている。

### 承認時の課題と対応等

医療機器の薬事申請経験者が申請等の対応をしているため、その面での問題は特に無かった。

製造予定製品が、高いクラス分類での申請が避けられないため、無駄が出ないよう、取りこぼしが無いように、仕様を予め明確にした。自社滅菌ということもあり、滅菌バリデーションもあった。

承認等申請時の必要データ、必要期間など全体を予め把握、検討して、開発と同時並行的に申請書類の作成を進めた（安全性試験が外部委託なので、その費用、期間も考慮した）。

社内体制については設備、環境、必要人員の確保などを行なった。滅菌バリデーションの確立に対するサンプル作製、データ作成。

ＥＯＧ（酸化エチレンガス）滅菌品の放置期間の設定判断のため、外部機関による残留ＥＯＧ濃度の測定を行なった。生物学的試験については外部委託した。

### 製造販売業

第1種製造販売業許可を取得。１９９９（平成11）年7月1日、旧法下で製造業の許可を取得、２００５（平成17）年4月5日、改正薬事法の施行に伴い、みなし番号を取得し製造販売業として継続しているものである。

みなし期間中に、新法で要求される帳票類、組織を整備。社内の専門チーム（営業、開発、生産技術、製造、品証、薬事）で対応した。

「製造販売業」は、改正薬事法による新設の業許可でもあることから、旧「製造業」とは異なる組織体系を作る必要があった。

薬事業務の経験が浅い人が多く、薬事法の知識習得や薬事規制への対応が新たに必要になったが、他社から経験者を採用したことで、最低限の組織体系を作ることができた。

### 製造業許可

既に持っていた製造販売業許可の経験を活かして製造業の許可を取得した。

責任技術者の選定と帳票類の整備を行なった。

他社医療機器メーカーから経験者を採用し、組織体制については整備できたが、会社としての薬事法の理解や帳票類の整備が課題になっていた。経験者が主体となり社内指導を実施して、最低限の整備はできた。

### 医工連携

医者／医療機関との連携：参入時にはなし。

工学研究者／研究機関との連携：あり。生物学的安全性試験、残留ＥＯＧの測定などは外部機関を利用（有料）。

### 部材供給等

部材の詳細情報（材質、添加物など）が製造企業の秘密情報であり開示されなかった。

秘密保持契約の締結により、ある程度の開示に応えるメーカーもあるが、基本的には秘密情報の開示はない。

一方、申請書に記載事項が必須となっている場合は、審査担当者と協議し部材が特定できる他の記載項目を考えた。

### 販売

参入は、大手医療機器メーカーへのＯＥＭ（相手先ブランド製造）供給であった。初期はＯＥＭが１００％である。

開発1号商品であるガイドワイヤーが完成したので、１９９５（平成7）年頃、医療機器メーカーに売り込み開始、1年ほどで3社に採用された。

販路開拓は、ガイドワイヤーを必要としているカテーテルメーカーを調査し、商品サンプルを持って営業活動を実施した。

販路開拓に際しての課題は、①狙いのお客を定めること（どこに売るか？）、②製品の医療機器としての信頼性や安全性を担保すること、③相手の異業種に対する抵抗感、こちら側の医療に対する知識不足――などである。こうした課題に対して、①調査会社による市場調査、②製品の品質評価、臨床試験の実施、③医療専門者の採用――などで対応した。

後に自社開発商品とともに自社販売体制を整備（プロ営業マン採用等）し、全国に販路を広げる（自販率65％）。全国１００社の販売店と契約し、自社ブランドで販売している。

## (3) ＰＬ・保険収載・海外展開等

### ＰＬ（製造物責任）

人の健康命に係わる製品である。ハイリスクである。万一の事で本体（会社）まで保障責任が及ぶ。そのため、国内のＰＬ保険に加入。輸出開始時には海外（全世界）のＰＬ保険にも加入。

### 保険収載

収載あり。手技料及び材料料として公的医療保険で使用されている。

### 海外展開

海外展開あり。ヨーロッパ諸国、インド・アセアン地域で既に販売開始済み。当社の現地法人が無いため、全て現地の代理店経由で販売している。

海外展開に際して、社内及び社外の海外ビジネス経験者から助言をいただいた（無料）。また、ＪＥＴＲＯ（日本貿易振興機構）の海外医療機器レポート検索を利用した（無料）。

海外展開に際しての課題は、世界標準価格と弊社希望販売価格のギャップだ。社内製造のさらなる効率化による製造原価低減を継続中である。

### 新工場の建設

新工場の建設：「受注増に対する生産能力確保と、合理化のため新工場を計画。先の大震災の経験を踏まえ、免震構造と自家発電設備の医療工場を建設いたします。新工場建設により、震災による製品の供給停止の無いよう対応致します。また、生産の合理化により、グローバルに競争できる、価格、品質の確保を目指します。」

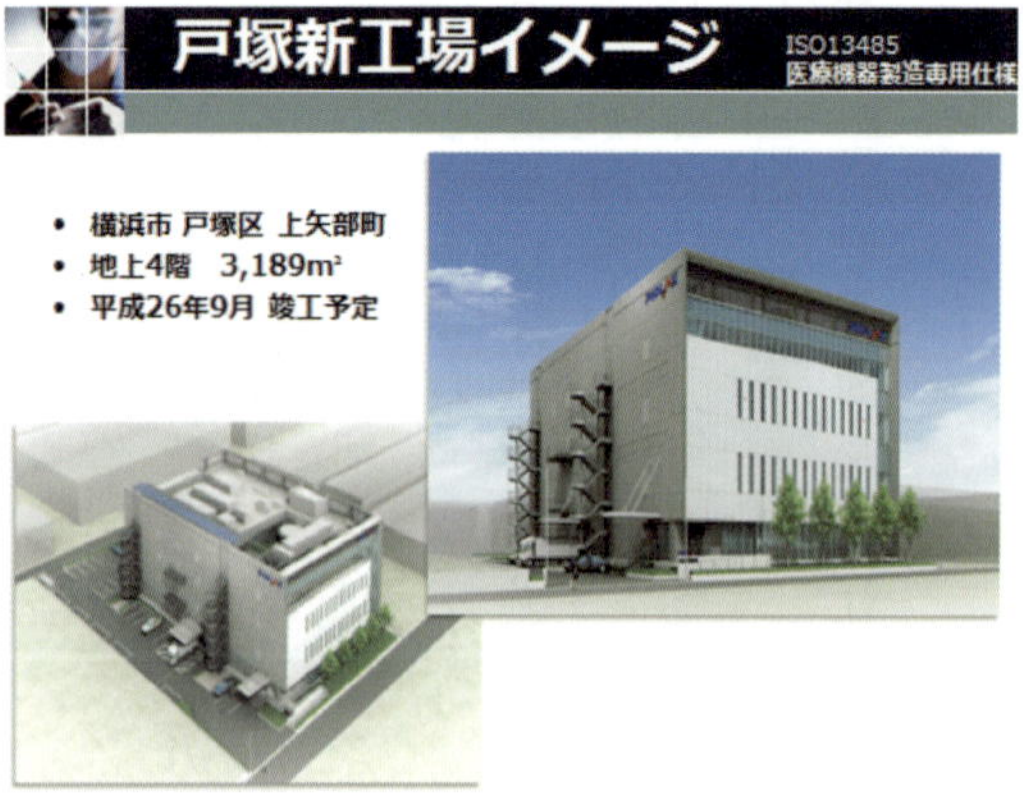
戸塚新工場イメージ
ISO13485
医療機器製造専用仕様
• 横浜市 戸塚区 上矢部町
• 地上4階　3,189m²
• 平成26年9月 竣工予定

## 事例13　適温を追求

# エイシン電機

**会社概要**

商　　　号：エイシン電機株式会社
本社所在地：神奈川県横浜市保土ヶ谷区天王町
代表取締役：計良英二
会社設立年：1977（昭和52）年
医療機器への参入時期：2009（平成21）年頃
資　本　金：1,000万円
従 業 員 数：45人
主 要 製 品：業務用電化厨房製品の製造販売
売　上　高：６億5,000万円（2012年度）
医療関連機器事業の売上高：7,000万円（事業全体売上高に占める割合約10.5％）
医療関連機器への参入形態：病院等で使用する加温機器（感染防止等）の製造販売業者として
薬事認可取得状況：第２種製造販売業許可、医療機器製造業許可
医療関連製品：ミルク加温器、母乳解凍器、マッサージチェアー（医療機器として開発中）
海 外 展 開：検討中

■特注ステーキグリドル　銀座ステー[illegible]

■ポップコーンウォーマー　シネマコンプレックス

■ホットショーケース　高速道路　S.A

## (1) 医療関連機器への参入

### きっかけ

本業の業務用厨房関連の技術を他業界で応用したいと考えていた、そんな折の２００７（平成19）年頃のこと、温蔵ショーケースの購入依頼が普段より明らかに増えていることがわかった。増えているのは主に大病院からの購入依頼である。なぜ病院からの購入依頼がそんなに増えているのか。調べてみると、新生児・乳児に飲ませるミルクの加温用として使うために購入する病院が増加しているのだとわかった。

病院では未熟児や病気入院している乳児に対して、①冷凍した母乳を解凍、②それを冷蔵庫に一時保存、③哺乳瓶等に移し替えて加温したものを授乳――している。その際の解凍や保温のやり方は当時、水加熱方式が主流であった。

水加熱方式は、ミルクを入れた哺乳瓶を湯煎（お湯37～40度C）して温める方式であるが、この方式だと菌の最も繁殖しやすい温度帯（30～40度C）になる上に、菌の繁殖に不可欠な水分も十分にあるという悪条件が揃ってしまう。また湯煎のたびごとに水を取り替えて滅菌するわけでなく、哺乳瓶の水滴を取って乳首を取り付ける作業などにおいて菌に感染する危険性が高いのである。実際、医療現場では、水加熱方式のミルク加温器から大腸菌やサルモネラ菌、緑膿菌等の雑菌が発生することが問題になっていた。温蔵ショーケースでミルクを温める場合は、水を使わずに温風を使って加温するので、感染防止になるということであった。

乳児医療等に携わる医療現場の人達は、感染防止の観点からも、湯煎以外の方式で加温できる機器の開発を大手医療関連メーカー等に要望していたが、大手メーカーからは作ってもらえずに困っていたのであった。

そこでエイシン電機では、専門の医師、看護師の指導のもとに、病院で使用できる本格的な製品を開発した。これが水を使わない、温風循環式ミルク加温機である。

水を使わない温風での加温であり、水加熱方式の欠

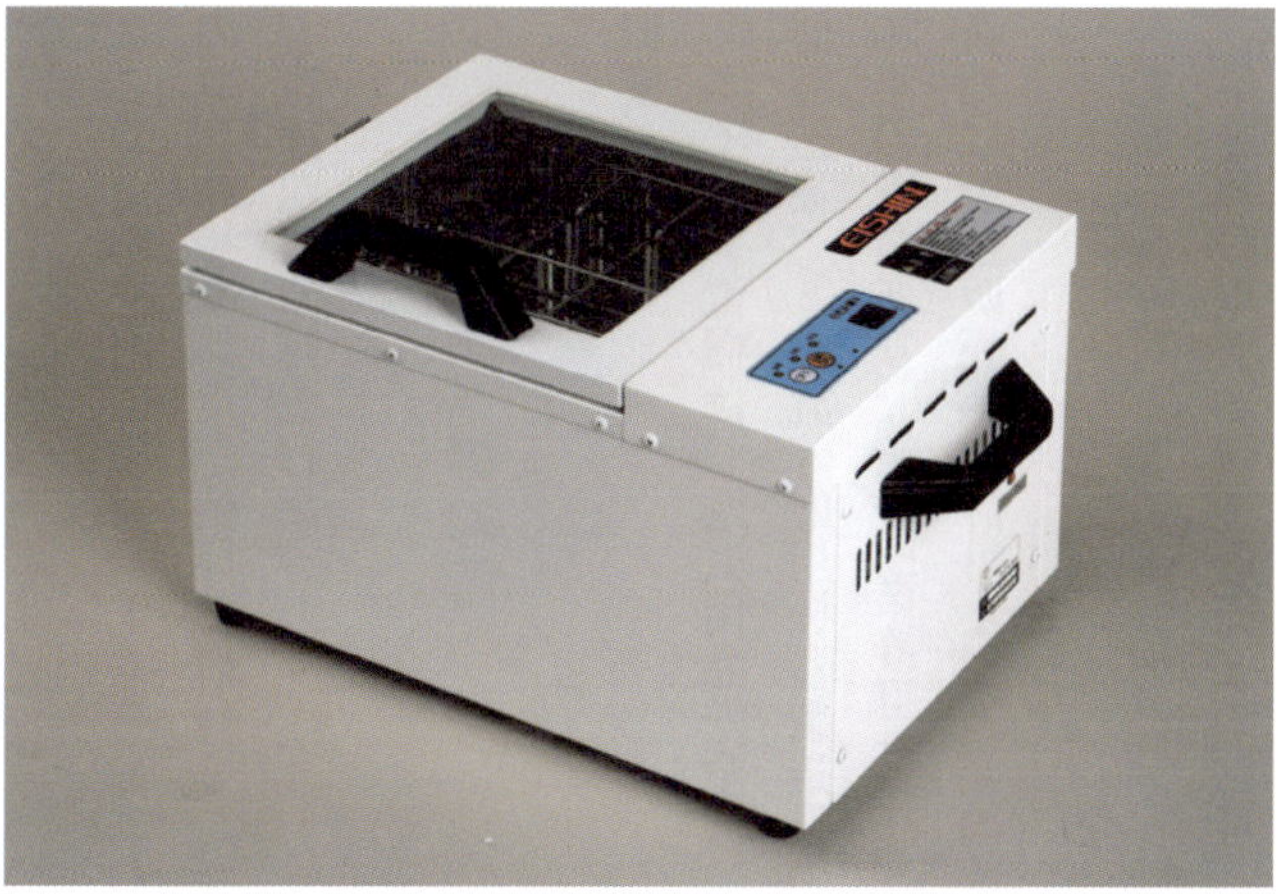

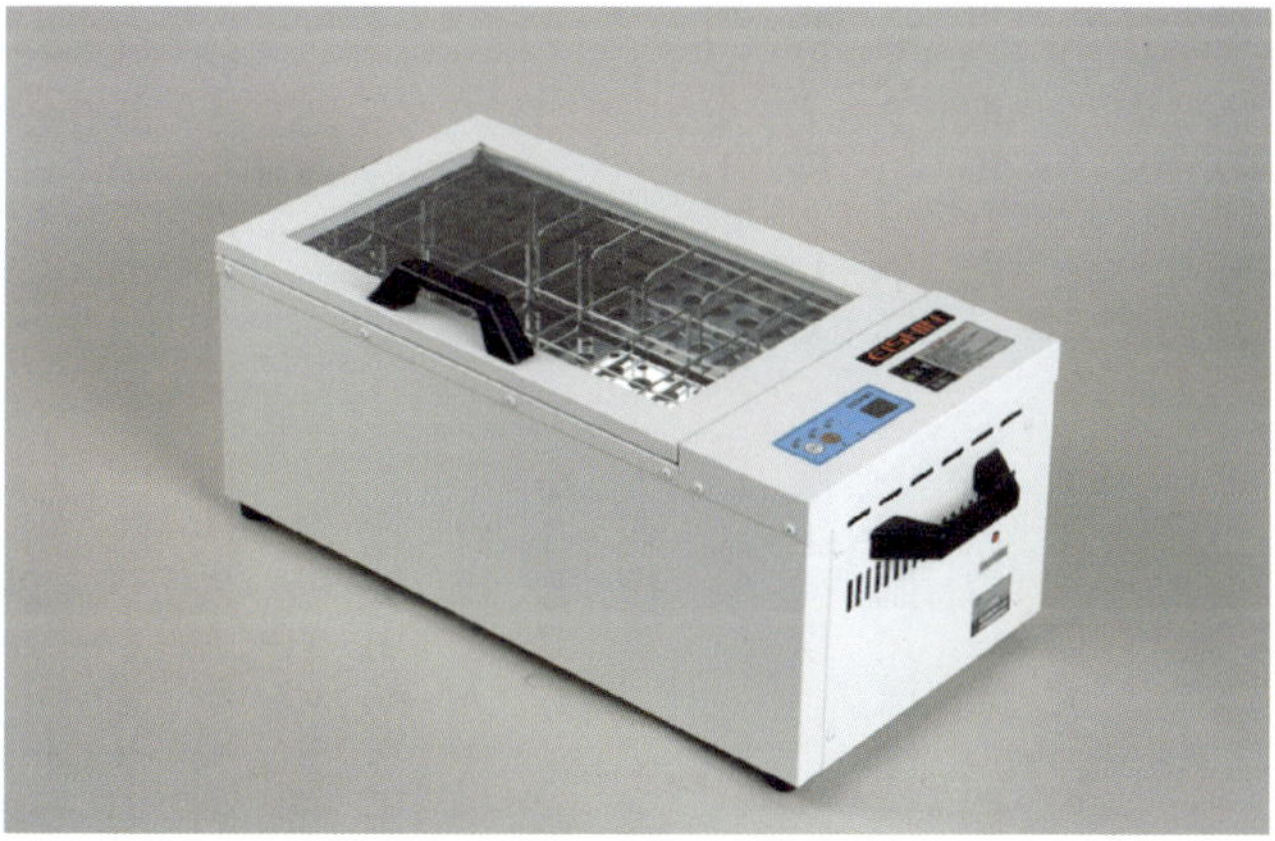

図　温風循環式温乳器

点はすべてクリアできること、また、機器を高温で殺菌できるので、従来機器のように水を流してアルコール等で行なう消毒作業も不用になった。

## 参入のベースとなった技術や製品

　厨房電化製品の製造で培ってきた技術の延長線上にある技術。温蔵庫、ホットショーケース、食器殺菌保管庫等の基本技術。

　水を使用しない加温機器の技術が使用できて、他社に先行して事業可能と判断した。また、殺菌、病原菌の危険性防止に役立つから。

### 参入に向けての社内体制の取り組み

　電気用品安全法の知識はあったが、薬事法の知識がなかった。

　このため社内に検討チームを編成し、外部から専門のコンサルタントを招いて研修をした。約1年がかりで諸課題の研修を行なった。

## (2) 薬事規制への対応

### 概要

　エイシン電機は、電気用品安全法に基づく①電熱機器製造業、②交流等応用機器製造業の認可工場として30年の実績あり。薬事の業許可は持っていなかったが、新たに製造販売業の許可と製造業の許可を取得した。

### 製造販売業許可と製造業許可

　第2種医療機器製造販売業の許可と製造業の許可を取得。取得に要した期間は2年。かかった費用は不明。

　薬事の知識がなかったので、薬事関連専門会社から指導を受けながら、社内に専門のチームを作って対応した。いろいろ課題はあったが、検討、修正を繰り返し知識の向上に努めた。具体的には、電気用品安全法に基づく認可工場としての実績があるので、それと薬事法による規制との相違点を中心に研修した。

　審査官の指摘及び指導に基づき修正を行なった。

　電気用品安全法の要求事項も、薬事法の要求事項も、それほど大差はないと感じたが、薬事では、同じようなことでも、二重、三重に確認し合う方式を求められ、大変複雑、かつ時間が必要であると感じた。

### 医工連携

医師／医療機関との連携あり。北里大学病院、神奈川県立こども医療センターと（無料）。

　工学研究者／研究機関との連携はなかった。

### 販売

　まず医療業界向けの展示会への出品、医療業界紙への広告などを行なった。

エイシン電機は、医療機関の中では知名度がなく、しかも医療現場で初めて使われる新しい方法を取り入れた製品であるため、発売1年目は苦労した。2年目からはその機能の良さが認められ、それが医師や看護師の口コミにより広く伝わった。これが製品の購入決定につながったと考えられる。

何よりも、信頼第一に商品説明を行ない、現場のニーズを製品に取り入れ、使用する方々が喜んで使ってもらえる製品にしたからと考える。

発注は、病院出入りの販社を経由してなされた。この結果、全国の主要販社との取引口座が短期間で約30社できあがり、今後の医療業界のニーズ取得にも最大のメリットがあったと考えている。

口座開設の経緯は——ミルク加温器の販売も販売先の病院との取引口座を持っていないとできないことに気付き、実際困っていた。ところが、購入希望病院の医師が、エイシン電機にこのような機器があるからと、出入販売店に話をつけてくれて納入することができるようになった。このようなやり方で全国の販売店から仕入要望が出て来て、取引口座が自然発生的にできた。このことは、病院側にとって必要な機器であったからできたことだと思う。これが、同社にとって、何よりの財産となった。

## (3) PL・保険収載・海外展開等

### PL（製造物責任）

PL保険に加入している。従来からの外食産業向けの製品も、すべてPL保険に加入している。

### 保険収載

なし。

### 海外展開

中国や韓国などからの引き合いは多々あるが、目下検討中。

## 事例14　仕事を通し、社会に貢献する

# ジェイマックシステム

**会社概要**

商　　　号：株式会社ジェイマックシステム
　　（英名：J-MAC SYSTEM, INC.）
所　在　地：北海道札幌市
代表取締役社長：古瀬司
会社設立年：1989（平成元）年
医療機器への参入時期：1989（平成元）年
資　本　金：3,000万円
従 業 員 数：108人
主 要 製 品：コンピュータプログラム、ソフトウェアの開発及び販売、遠隔画像診断のための画像情報通信システムの開発及び運営など
売　上　高：16億1,000万円（2012年度）
医療機器関連事業の売上高：13億8,000万円（事業全体売上高の85％）
医療機器への参入形態：医療機器製造販売業者・製造業者・販売業者として
薬事認可取得状況：第２種製造販売業許可、医療機器製造業許可、高度管理医療機器等販売業賃貸業許可、医療機器修理業許可
医療機器製品：汎用画像診断装置ワークステーション（クラスⅡ）
海 外 展 開：なし。検討中。

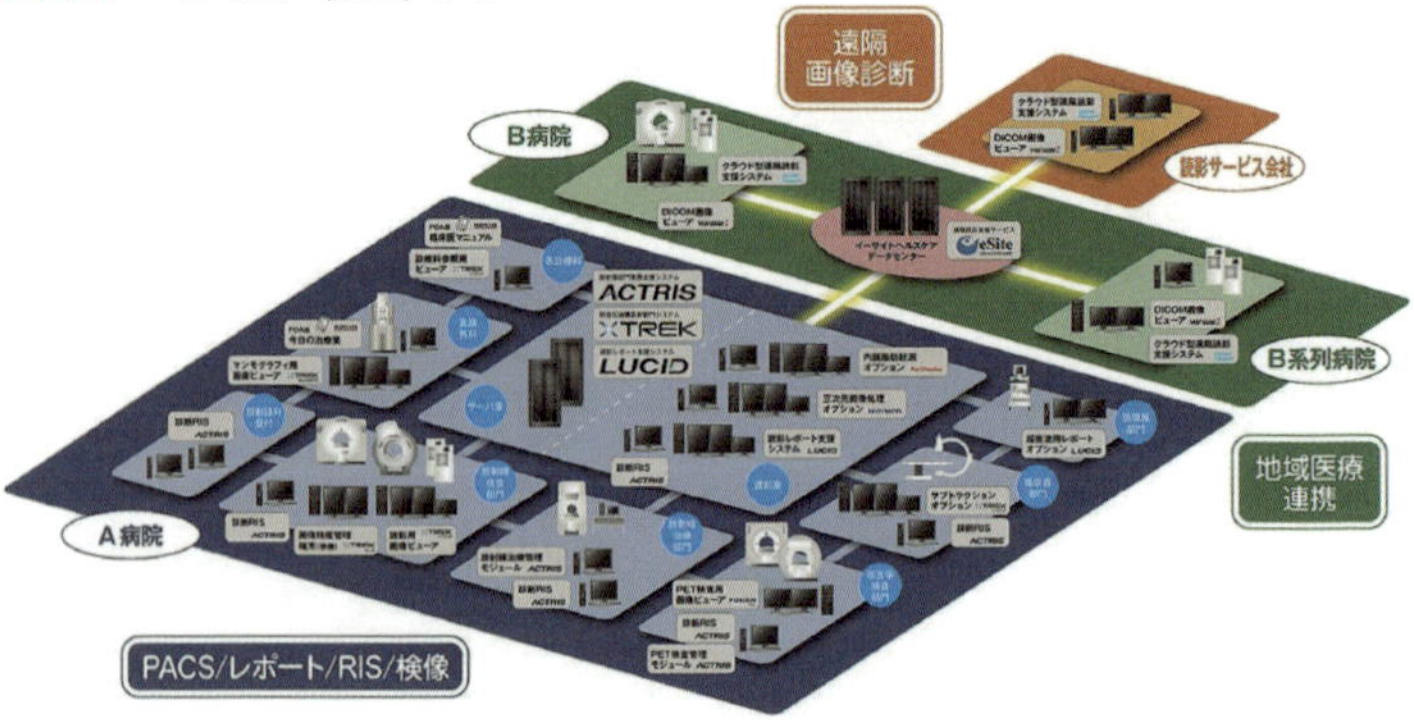

## (1) 医療機器への参入

### 最近の医療環境と会社

オーダリングシステムや電子カルテの普及により放射線部門におけるワークフローの電子化が急速に進んでいる。ジェイマックシステムの強みは、診療放射線技師として現場で働いていたメンバーが製品の開発に携わっていることである。現場を知り尽くした者により、現場の声に根ざした製品をタイムリーに提供できるのである。また、サポートについても、メンバーが医療現場で働いていたときに、医用画像機器やシステムがダウンして検査が滞り、患者に迷惑を掛けたという経験をしたことがあり、サポートの重要性を理解しており、サポートは全て自社で責任を持って行なっている。

医療機関ではフィルムレスの環境が広まり、様々な診療科の医師が画像を目にする機会が増えてきていることから、それぞれの専門分野に特化したビューワの開発を進めるとともに、医師の読影を支援し、正しい判断、正確な診断を可能にするような、ソフトウェアの提供にも注力している。また、遠隔読影支援システムもこれからの医療にとって重要であると考えている。

ＣＴ（コンピュータ断層撮影）の多列化、ＭＲＩ（核磁気共鳴画像診断装置）の高磁場化などにより医療現場で発生する画像はますます増加する一方であるが、その反面、放射線科の読影医の人数は非常に不足している。限られた人数で効率的な読影を可能とするためには、遠隔読影支援システムの整備が必要であると考える。また、医療機器同士をつないで連携する以外にも、例えば自宅にいながら読影ができる環境を整備するなども必要になってくるであろう。様々なモデルケースを構築していくことで、このような問題に対処し、社会に貢献していきたいと考えている。

### どんな会社

最初から医療分野に参入した会社。診療放射線技師として活躍していた古瀬司（現社長）らが１９８９（平成元）年に会社を設立し、医用画像通信ソフトウェアおよび医用画像ファイリングソフトウェアを開発、発売した。

その後、医用画像ビューア、ＤＩＣＯＭ（Digital Imaging and COmmunication in Medicineの略。「ダイコム」と読む。医用画像の保存や通信に用いられている世界標準規格の名称である）サーバ、放射線部門業務支援システム、ＰＤＡ（個人用携帯情報端末）用ソフトウェアなどを次々と開発、発売し、２００６（平成18）年には薬事承認製品である汎用画像診断装置ワークステーションを発売している。

現在では、ＲＩＳ（放射線部門システム）、ＰＡＣＳ（画像保存通信システム）、レポートシステム、検像等の放射線部門におけるフィルムレスシステムから遠隔読影ネットワークの構築、病診連携や地域医療連携などの開発、販売、保守を手がけている。札幌本社のほか、仙台、東京、名古屋、大阪、福岡に営業所を置き、全国を６拠点でカバーしており、それぞれの営業所が連絡を取り合い、柔軟なサポート態勢を築き、導入施設の保守・管理はすべて同社のスタッフで行なっている。

## 技術・製品等

### 〈ＰＡＣＳ（画像保存通信システム）製品〉

ＤＩＣＯＭ画像サーバ「ＦＡＩＮＷＯＲＫＳ」、統合型画像診断部門システム「ＸＴＲＥＫ」シリーズ及び画像ビューア「ＶＯＸ－ＢＡＳＥ」シリーズなど（図1、図2）。高度検査機器への対応、フィルムレス化への移行、コストの削減、スピーディーな画像診断や遠隔読影、地域連携などを可能にしている（図3）。

### 〈レポートシステム〉

画像診断でのレポート作成をスピーディーに支援する読影レポート支援システム「ＬＵＣＩＤ」。柔軟に対応するカスタマイズ性、豊富な検索、各種プリセット、院内へのレポート配信機能等、ユーザーの声を反映させた充実した機能でレポート業務を強力に支援し、リッチクライアント方式を採用した設計により、

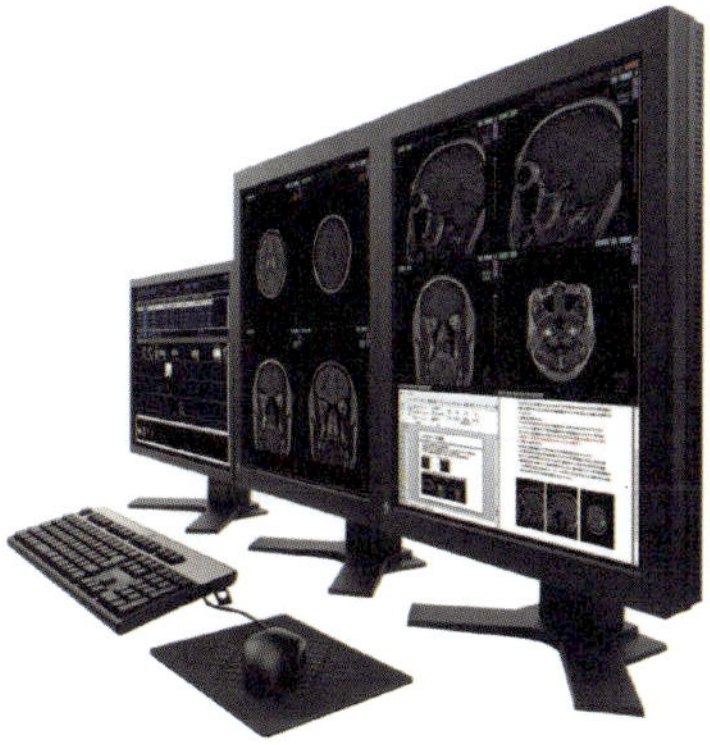

図１　統合型画像診断部門システム「XTREK」

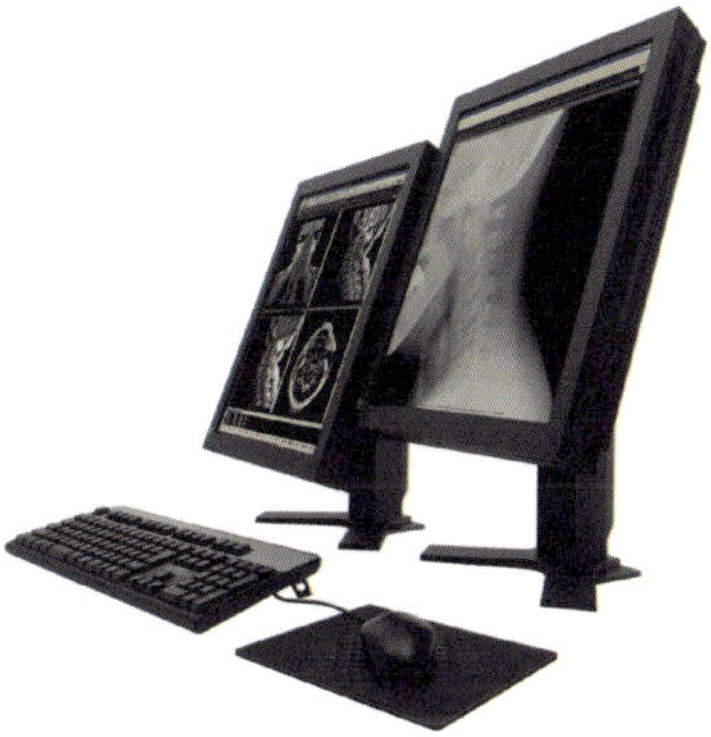

図２　汎用画像診断装置ワークステーション「VOX-BASE SP1000」（医療機器認証製品）

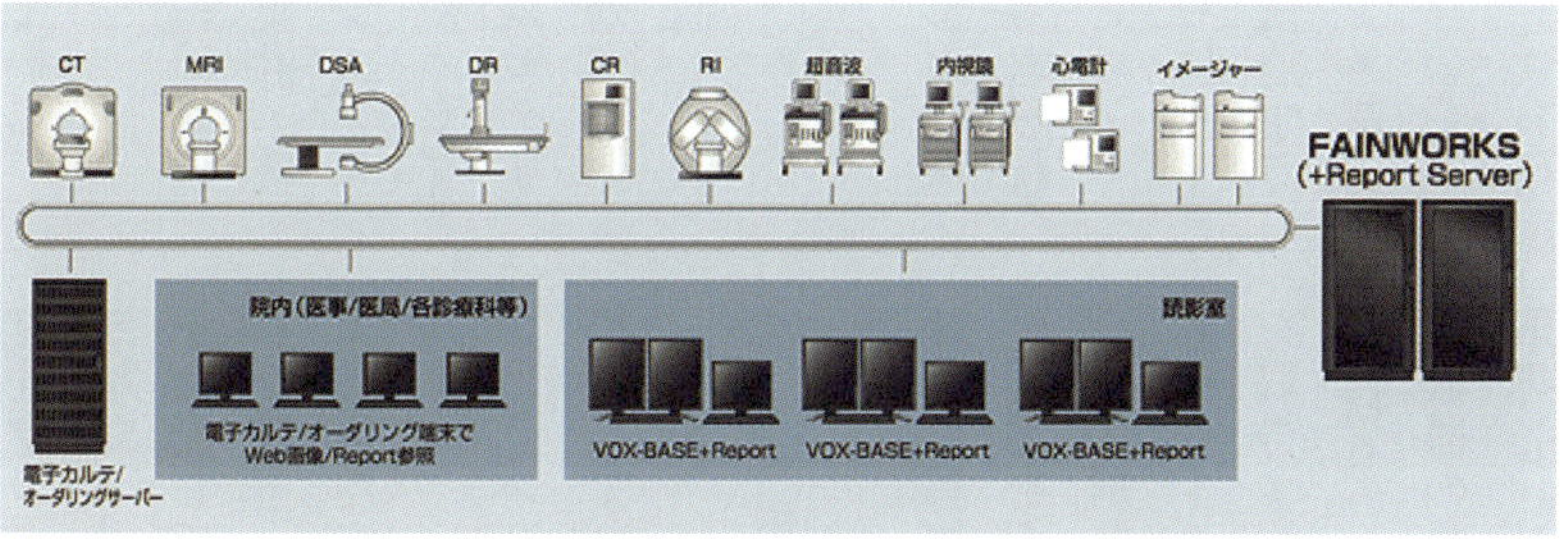


図３　PACS 導入例

図４　放射線部門システム「ACTRIS」

操作性とソフトウェア配布の簡易性を実現している。

〈ＲＩＳ（放射線部門システム）製品〉

放射線部門における検査情報や患者情報を一元管理し、検査予約から状況確認、照射録、業務の集計・統計処理などを可能にする放射線部門業務支援システム「ＡＣＴＲＩＳ」（図４）。医事会計システムやオーダリングシステム、電子カルテとの連携、複数モダリティからの予約を一元管理することで、業務効率を上げ、入力ミスなどを軽減し、患者サービスの向上に大きく貢献する。

〈クラウド型遠隔読影サービス〉

「読影依頼／参照環境」、「読影環境」、「読影用画像および所見データの保管」の3点を基本とする遠隔読影支援サービス。サーバ上にてアプリケーションやデータを起動し、クライアントパソコンからはキーボードとマウスの操作情報だけをサーバ側に伝達する「アプリケーション・デリバリーサーバベースコンピューティング」の技術を活用している。また、２０１２（平成24）年3月から、東京大学のＣＡＤ研究をクラウド化した遠隔読影支援ＡＳＰ（アプリケーション・サービス・プロバイダー）「ＣＩＲＣＵＳ＋」を販売している。

〈医療用コンテンツ／電子書籍ソリューション〉

貴重な医学分野の知識をiPhoneやiPad、Android端末で、いつでも、どこでも気軽に参照できる医療用コンテンツ／電子書籍ソリューション（M2PLUS）を提供している。

## (2) 薬事規制等への対応

### 認証取得等への取り組み

製品を創り出す開発部（ソフトウェア開発者）を中心に体制を強化した。２００８（平成20）年には汎用画像ワークステーション（画像ビューア）の薬事承認を取得するため、品質保証部を設立し、品質保証規格（ＱＭＳ）を制定した。その後、ＩＳＯ１３４８５（医療機器の品質マネジメントシステムに関する規格）を取得し、品質保証体制を強化した。２０１１（平成

23）年には、「医療情報システムの安全管理に関するガイドライン」に基づき、セキュリティ面での強化を行ない、ＩＳＯ２７００１（情報セキュリティに関する規格）を取得している。

### 認証品目

一般的名称：汎用画像診断装置ワークステーション
商品名：ボックスベースＳＰ１０００
クラス分類等：クラスⅡ、特定保守管理医療機器
認証に要した期間：約1年
かかった費用：およそ12人月（１０００万円程度）
今後の計画：マンモグラフィ用のビューア（Viewer画像閲覧ソフト）、ＣＡＤ（コンピュータ支援画像診断）などを計画している。ただし、現状は計画段階で具体的なスケジュールは明確になっていない。

### 認証に当たっての課題と対応

当初はどのように医療機器として申請したらよいかを含めて、全てが手探り状態であった。承認審査を行なうにあたって何が必要かを調べるところから始めた。

薬事の審査に詳しい人員が最低1名は必要と考え、専任の担当者を確保して調査をさせた。担当者は日本医療機器産業連合会（医機連）からの情報や様々なセミナーへ参加したりして情報を取得し、また、コンサルからもアドバイスを得ながら薬事のスキルを身に付けた。

現在の日本の薬事法ではハードウェアとソフトウェアが一体化したものしか「医療機器」としての申請を受け付けていない。それまでジェイマックシステムでは、ソフトウェア単体（例えばビューア）を中心に販売していたことから、ハードウェアとセットでの製造、販売は初めての経験であり、製造というプロセスをどのように行なうかも課題であった。

製造所及び製造課を新規に設立し、ハードウェアとソフトウェアをセットで製造、品質確保を行なう体制を構築した。製造過程については、試行錯誤があったものの、基本はソフトウェアとパソコンの組み合わせ

であり、大きな問題は無かった。

### 製造販売業等の業許可

①医療機器製造業許可：2005（平成17）年取得
②医療機器修理業許可：2005（平成17）年取得
③第2種医療機器製造販売業許可：2005（平成17）年取得
④高度管理医療機器等販売業賃貸業許可：2005（平成17）年取得
業許可取得に要した期間：2年
かかった費用：おおよそ3人年（3000万円程度）

### 業許可取得に当たっての課題と対応

認証申請のときと同様、とにかく制度や仕組みがよくわからなかった。仕組みを理解するところから勉強するしかなかった。認証のときと同様、医機連の情報をうまく入手すること、様々なセミナーに参加することと、コンサルからのアドバイスを仰ぐなどで担当者のスキルを上げることを行なった。なかでも、各種のセミナーへの参加が一番効果的だったと考えている。薬事用語が結構多いのでとにかくそれらに慣れることが第一とのことだ。

### 医工連携

なし。

### 販売

基本的には自社販売。ただし、通常の医療機器と同様、販売業を持ったディーラーを経由しての販売も視野に入れている。

## (3) PL・保険収載・海外展開

### PL（製造物責任）

弊社の製品で製造物責任を問われるものは薬事認証品が中心となっている。

医療機器の品質マネジメントシステム規格であるISO13485の認証を取得しており、品質の継続的な改善を行なっていく体制を構築している。

**保険収載**

収載済み。

**海外展開**

アジア地域を中心に海外展開を検討中である。そのためには、しっかりしたパートナーシップを築くことのできる協力会社が必要と考えている。

事例15　INTERNET DENTAL SOLUTION

# アイデンス

**会社概要**

商　　　号：株式会社アイデンス
本社所在地：大阪市中央区船越町1-6-6 レナ天満橋ビル2F
代表取締役社長：中田俊
会社設立年：2000（平成12）年８月
医療機器への参入時期：2004（平成16）年頃
資　本　金：9,000万円
従 業 員 数：55人
主 要 製 品：歯科用電子カルテシステム、ウェブ関連業務、ポータブルX線撮影装置
売　上　高：９億700万円（2012年７月）
医療機器関連事業の売上高：１億1,800万円（事業全体売上高に占める割合約13%）
医療機器への参入形態：医療機器製造販売業者として等
薬事認可取得状況：第２種製造販売業許可、医療機器製造業許可、高度管理医療機器販売業許可
医療機器製品又は技術：歯科用電子カルテシステム、歯科用予約管理システム、歯科用ホームページの作成・ウェブサイトの運営、ポータブルX線装置
海 外 展 開：なし

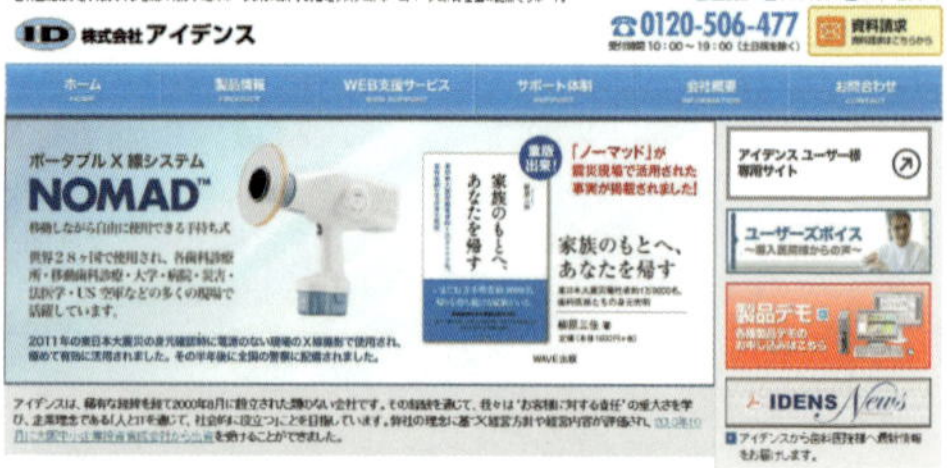

## (1) 医療機器への参入

### 参入のきっかけ

2004（平成16）年、高度管理医療機器等販売業の許可を取得し、「歯科用デジタル式X線撮影センサ」の日本での販売代理店をしていた。

2006（平成18）年1月の歯科専門デンタルショーで、日本での取り扱い業者を探していた米国のメーカーAribex（アリベックス）社からのアプローチがきっかけとなる。

### 参入のベースとなった技術や製品等

ポータブルX線装置、手持ち式・充電バッテリー型デンタルX線装置――これらの製品が、後方散乱X線を遮蔽する性能を備えたものであり、歯科診療に役立つ機器として米国を中心に各国で使われている事例からも、日本国内でのニーズは十分にあると判断した。

また、市場調査の結果から、訪問診療や診療室での安全な撮影は需要が見込め、他社に先行して事業可能と判断したため。

日本の総代理店として、メーカーの立場で責任を持って販売できると考えた。

### 参入に向けての社内体制の取り組み

外部から業許可のコンサルタントを顧問として招き、承認取得までの道筋を十分に検討した。参入市場の調査分析を行なった。

### 参入時の課題と対応

薬事の知識が不十分、販売体制づくりをどうするか等が課題。

顧問の指導によるスケジュール策定、販売体制のためのチーム編成等で対応した。

## (2) 薬事規制等への対応

### 概要

薬事の業許可は、メーカーからの情報提供と自社で情報収集を行なうなどにより、高度管理医療機器等販売業の許可を取得していた（平成17年）。さらに、新たに製造販売業と製造業の許可を取得し、医療機器としての製品は、承認品目と認証品目を持っている。

### 承認品目等

製品名：ポータブルX線NOMAD（「ノーマッド」と読む）

一般的名称：デジタル式口外汎用歯科X線診断装置（クラスⅡ、承認品目）

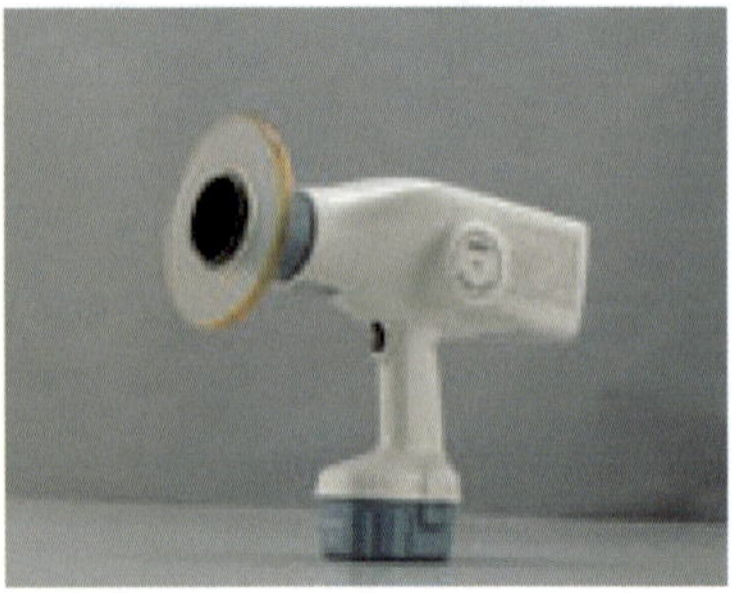

図1　ノーマッド（歯科ポータブルX線システム）

承認に要した期間：2年6か月

かかった費用：1744万円

製品名：ポータブルX線NOMAD Pro（「ノーマッドプロ」と読む）

一般的名称：アナログ式口外汎用歯科X線診断装置（クラスⅡ、認証品目）

認証に要した期間：3・5か月

かかった費用：240万円

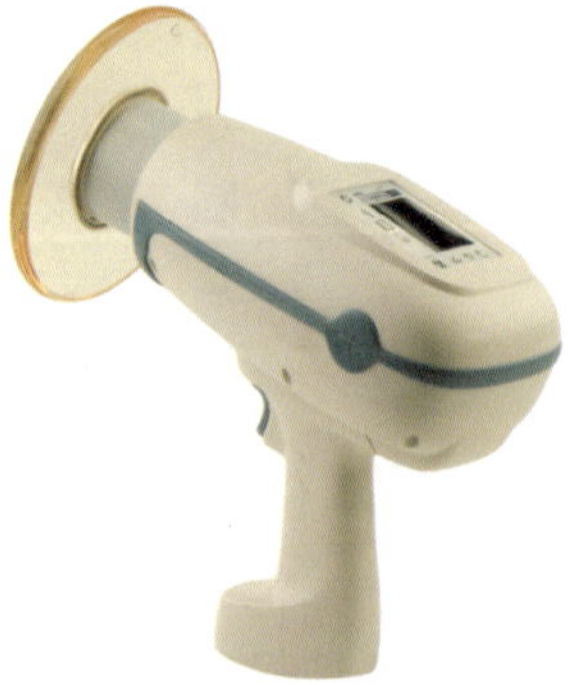

図2　ノーマッドプロ（歯科ポータブルX線システム）

### 承認審査での課題と対応

①顧問による実務推進とアドバイスによる社内準備を

実行した。

②類似品と同等な製品であることで申請を目指した。

③承認等申請時の必要データを予め把握・検討し、開発と同時並行的に申請書類の作成を進めた。

承認審査では、①審査官からの指摘が多く、調整に時間がかかった、②審査時が重複したなどの問題があった。また、追加データの提出が要求されたが、要求事項には真摯に対応した。

### 製造販売業

第2種医療機器製造販売業許可を取得。取得に要した期間は2か月程度。かかった費用は370万円。

①顧問による実務指導により、社内準備を実行し申請した。

②総括販売責任者の資格要件を満たす人材を採用した。

③知識／情報不足により書類手続きがわからなかったが、顧問の指導により申請した。

### 製造業

医療機器製造業の許可取得に要した期間は2か月程度で、社内コスト等なし。

①顧問による実務指導により、社内準備を実行し申請した。

②責任技術者は、社内の該当する要件を満たす人物で申請した。

### 医工連携

医師／医療機関との連携：なし。

工学研究者／研究機関との連携：あり。日本歯科大学生命歯学部放射線講座の代居教授及び神奈川歯科大学法歯学講座の山本先生に評価機にて評価実験していただいた。

### 販売

現在、全国150の商社を通じて販売。

2009（平成21）年12月から弊社基幹製品（歯科システム）の販売ルート（ユーザ・代理店）を活用し

て販路開拓。

問題は、製品の安全性の証明と充電式ということの評価だった。電源がない場所というのは、日本国内では想定できないため、充電式の特徴が評価されにくかったのである。

日本歯科大学生命歯学部放射線講座（代居教授）による安全性に関する文献の発表『ポータブルX線発生装置NOMADの遮蔽効果』があった。

また、東日本大震災後、電源のない場所で安全に有効に使用されたことが評価を受けた。このことが警察庁への導入のきっかけとなった。警察庁への納入（47台）の際は、警察庁出入りの専門商社へ納品している。

## (3) PL・保険収載・海外展開等

### PL（製造物責任）

PL関係の検討は行なった。

手持ち式X線を患者に落としてしまった際の事故対策として、オプションでストラップを付けることを検討。米国から輸入して対応したが、ニーズと事故率が極めて少なく、米国でも販売を取り止めたため、アイデンスもその後取り扱いを中止した。

### 保険収載

保険収載されている。

### 海外展開

なし。予定もなし。

## 特定非営利活動法人　医工連携推進機構の概要

【名称】

特定非営利活動法人　医工連携推進機構

Institute for Medicine and Engineering Integration（IMEI）

【目的】

医工連携推進機構は医療従事者及び工学従事者間の連携を深めること（医工連携）で医療機器、医療サービスの高度化を目指しているNPO法人です。

【役員】

理事長　　立石　哲也

専務理事　笠井　浩

【活動内容】

- 医療機器クラスターの交流活動の支援
- 連携を進めるための制度的問題点の調査・研究
- 開発される医療機器の開発の促進
- 大学等の医工連携研究成果の普及
- 医工連携コーディネータ協議会などの事務局
- 医療の情報化支援に係わる活動

また、次の方々のサポートも行っています。

- コーディネータをお探しの方
- 規制関連の情報収集をしたい方
- 医工連携の成果を広く普及したい方
- イベントをお考えの企業、自治体の方
- 成功事例をお知りになりたい方
- 乗り出そうとする企業やベンチャーの方

【連絡先】

〒107-0052　東京都港区赤坂2-17-62　ヒルトップ赤坂3階

TEL：03-6825-3012　FAX：03-5570-0845

E-mail：npoikouren@dori.jp

URL：http://www.dori.jp/npo/index.htm

## スタディブック編集委員会　委員リスト

日本の技術を、
いのちのために。

私たちは、ひとのいのちに向き合う技術の重要性、幅広い可能性を知っていただき、先端医療機器がより多くのいのちを助けられるための活動を展開しています。次の「いのち」を救うために、日本の技術を育てたい。
これは、この運動のシンボルマークとなっています。

# 医療機器への参入のためのスタディブック

2013年10月１日　第１刷発行

編集　特定非営利活動法人　医工連携推進機構
東京都港区赤坂２-17-62　ヒルトップ赤坂３階
TEL　03（6825）3012
発行　株式会社　薬事日報社
東京都千代田区神田和泉町１番地
TEL　03（3862）2141
印刷　昭和情報プロセス株式会社
表紙デザイン　株式会社クリエイティブ・コンセプト

Printed in Japan　INBN978-4-8408-1252-8　C3047

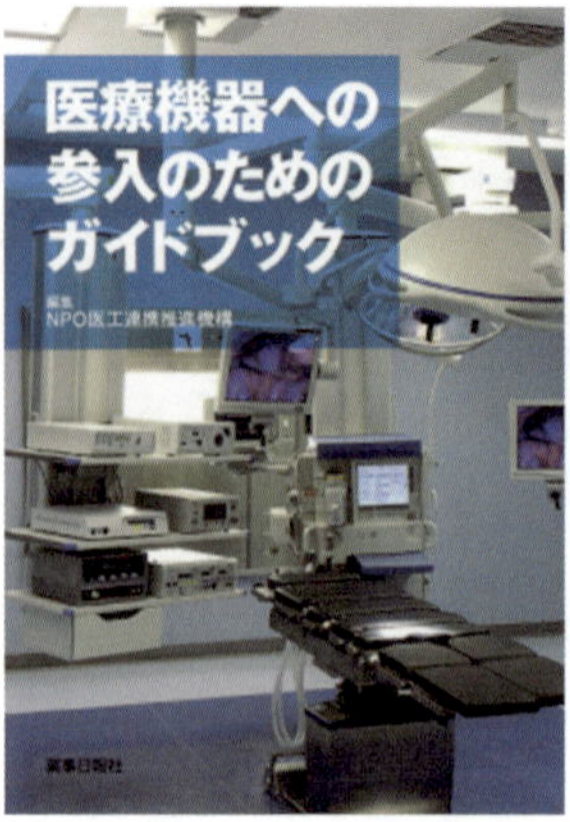


《好評発売中》

## 医療機器への
## 参入のための
## ガイドブック

編　集：NPO法人医工連携推進機構
（ガイドブック編集委員会）
定　価：本体3,000円（税別）
判型等：A5判・184頁・並製２色刷
ISBN978-4-8408-1158-3 C3047

【目　次】

第１章　医療機器とは
1　医療機器の種類と特徴
2　医療機器の市場
3　我が国の医療機器産業の状況
第２章　医療機器ビジネスの特徴
1　医療機器ビジネスへの参入
2　医療機器商品化のプロセス
3　医療機器分野参入のためのチェックポイント
第３章　薬事法による医療機器の規制
1　薬事法による規制
2　製造販売業
3　製造業
4　製造販売の承認・認証・届出
5　その他の規定
第４章　医療保険制度と医療機器
1　医療機器の評価
2　公的医療保険制度
3　診療報酬点数表と材料価格基準
第５章　PL法
1　PL法とは
2　PL法の概要
3　医療機器の事故例
4　欠陥とは
5　PL対策
6　PL保険
第６章　医療機器参入に関する支援制度
1　政府での医療機器産業の位置づけ
2　国と地方自治体などの支援策
3　地域での活動
4　医療機器関係の展示会
5　各種問い合わせ先